Ölfeuerung für Lokomotiven

mit besonderer Berücksichtigung
der Versuche mit Teerölzusatzfeuerung bei den
preußischen Staatsbahnen.

Nach einem im Verein Deutscher Maschinen-Ingenieure
zu Berlin gehaltenen Vortrage.

Von

Regierungsbaumeister **L. Sussmann,**
Limburg (Lahn).

Mit 41 Textfig

Springer-Verlag Berlin Heidelberg GmbH 1912

Berichtigter und erweiterter Abdruck aus Annalen für Gewerbe und Bauwesen herausgegeben von F. C. Glaser 1910/11.

ISBN 978-3-662-31937-6 ISBN 978-3-662-32764-7 (eBook)
DOI 10.1007/978-3-662-32764-7

Inhaltsverzeichnis.

Die Verfeuerung flüssiger Brennstoffe ist ein Gebiet, das von jeher das Interesse der Feuerungstechniker sowie auch der mit der Technik nicht in unmittelbarem Zusammenhang stehenden weiteren Kreise erregt und wachgehalten hat. Diese Feuerung verkörpert ja nach der allgemeinen Anschauung alle Anforderungen, die an eine ideale Feuerung gestellt werden können; sie verringert die Inanspruchnahme der menschlichen, körperlichen Arbeitskraft, ein Ziel, das man vielfach als Endzweck der Entwicklung der Technik bezeichnet findet, sie ermöglicht Gewinnung, Verladung, Transport, Aufspeicherung und Verausgabung des Brennstoffes in der bequemsten und billigsten Weise, sie gilt als frei von Feuerungsabfällen, Rückständen, Schlacken, Asche, Ruß, Rauch, Funkenwurf — kurz, all den so unangenehm empfundenen Nachteilen, die nun einmal mit der Verfeuerung fester Brennstoffe meist verknüpft sind. Ich möchte aber hervorheben, daß in der praktischen Anwendung im allgemeinen eine Erfüllung dieser idealen Forderungen nicht angetroffen wird und sich auch nach dem bisherigen Stand dieser Feuerungstechnik kaum ermöglichen läßt. Die Schuld daran mag der Umstand tragen, daß sich die Hauptgewinnungsstätten des von der Natur dargebotenen flüssigen Brennstoffes, die Petroleumquellen und -vorkommen, zum großen Teil etwas abseits von den Mittelpunkten der Technik und des Verkehrs befinden, und daß man sich dort lange mit den einfachen ursprünglichen Mitteln der Verfeuerung begnügte. Auch stellt die Beherrschung der Flamme ein ungleich schwierigeres, mühevolleres und nicht so sicher endliche Erfolge versprechendes Arbeitsfeld dar, wie die Lösung rein mechanischer Probleme. Daher mag es kommen, daß an praktischen und Laboratoriums-Untersuchungen auf diesem Gebiete bisher noch wenig vorliegt, und daß man erst in neuester Zeit beginnt, an der Ausfüllung dieser Lücke zu arbeiten. Die vorhandenen Grundlagen für Konstruktion und Ausbildung neuerer Feuerungsanlagen für flüssigen Brennstoff beschränken sich daher auf die bei der Anwendung gefundenen zufälligen Ergebnisse und die Nachahmung vorhandener Anlagen; die Kenntnis von dem Wesen dieser Verfeuerungsart und von den zur zweckmäßigen und wirtschaftlichen Verfeuerung nötigen Grundbedingungen ist im allgemeinen eine nicht ausreichende und führt zur kritiklosen Annahme oder Verwerfung von Verfeuerungsmethoden und häufig zu ihrer Anwendung auf nicht dafür geeignete Verhältnisse.

Die Heizöle.

Für den Eisenbahnbetrieb mit Dampflokomotiven hat die Verfeuerung flüssiger Brennstoffe auch außerhalb der Länder mit großen Petroleum-Gewinnungsstätten vor allem insoweit besondere Bedeutung, als es die Eigenschaften des Brennstoffes ermöglichen, eine größere Heizwirkung zu erzielen, d. h. auf gegebener Heizfläche in bestimmter Zeit eine größere Wassermenge zu verdampfen wie bei Verwendung fester Brennstoffe, insbesondere Steinkohle. Der größere Heizwert der flüssigen Brennstoffe ist darin begründet, daß ihr Gehalt an Wasserstoff höher ist, Wasserstoff aber bei der Verbrennung eine mehr als $3\frac{1}{2}$ mal so große Wärmemenge erzeugt wie Kohlenstoff. So besteht z. B. rumänisches Rückstand-Petroleum, wie es nach Destillation der flüchtigen Bestandteile, vor allem Benzin und Lampenpetroleum, aus dem Rohpetroleum auf den Lokomotiven der Rumänischen Staatsbahnen verfeuert wird, im Mittel aus 86 % Kohlenstoff, 12 % Wasserstoff und 2 % Sauerstoff mit wenig Schwefel und ergibt daher einen Heizwert von $0{,}86 \times 8080 + 29\,000 \left(0{,}12 - \frac{0{,}02}{8}\right) = 10\,356$ Wärmeeinheiten (gemessen 10 500 WE), während gute Steinkohle etwa nur 4—6 % Wasserstoff enthält und daher durchschnittlich nur 7500 WE ergibt. Diese Zahlen lassen sich jedoch nicht zum unmittelbaren Vergleich des praktischen Brennwertes der beiden Brennstoffgattungen verwerten, da Petroleum bei richtiger Einrichtung der Feuerung nahezu restlos und mit dem verhältnismäßig geringen Verlust von 15—20 % seines Wärmewertes verbrennt, Kohle dagegen bereits in Schlacke, Asche und Zinder einen großen Teil der Wärme verliert und schließlich nur 60 % ihres Wärmewerts zur Dampferzeugung umsetzt. Es ist daher bei überschlägigen Vergleichsrechnungen üblich, eine Tonne flüssigen Brennstoff mit nahezu zwei Tonnen Steinkohle bezüglich der Heizwirkung als gleichwertig anzusetzen.

Bei den vorher kurz angedeuteten Vorteilen der flüssigen Brennstoffe und ihrer einfachen Gewinnungsart haben diejenigen Länder, welche bedeutende Erdölvorkommen besitzen, gegenüber petroleumarmen Ländern einen bedeutenden wirtschaftlichen Vorsprung. Die Verteilung der größeren Erdöllagerstätten entspricht aber hier einer merkwürdigen ausgleichenden Gerechtigkeit, da im großen und ganzen hauptsächlich Gegenden, die im übrigen wirtschaftlich etwas im Nachteil sind, mit diesem Naturgeschenk bedacht wurden. Es dürfte nicht ohne

Interesse sein, hier auch die Verteilung der Petroleumgewinnungsstätten und ihre Entwicklung in den letzten Jahren mit einigen Worten zu streifen. In dem Größenverhältnis der einzelnen Sektoren des Kreises, der die gesamte Petroleumgewinnung im Jahre 1908 darstellt, läßt Fig. 1 das Verhältnis der in den einzelnen Petroleumländern gewonnenen Rohöl-Mengen erkennen. Zahlenmäßig geht die Verteilung aus der nachstehenden Tabelle (S. 4) hervor, welche die Gewinnung von Petroleum in den wichtigsten Ländern 1901 und 1908 gegenüberstellt.

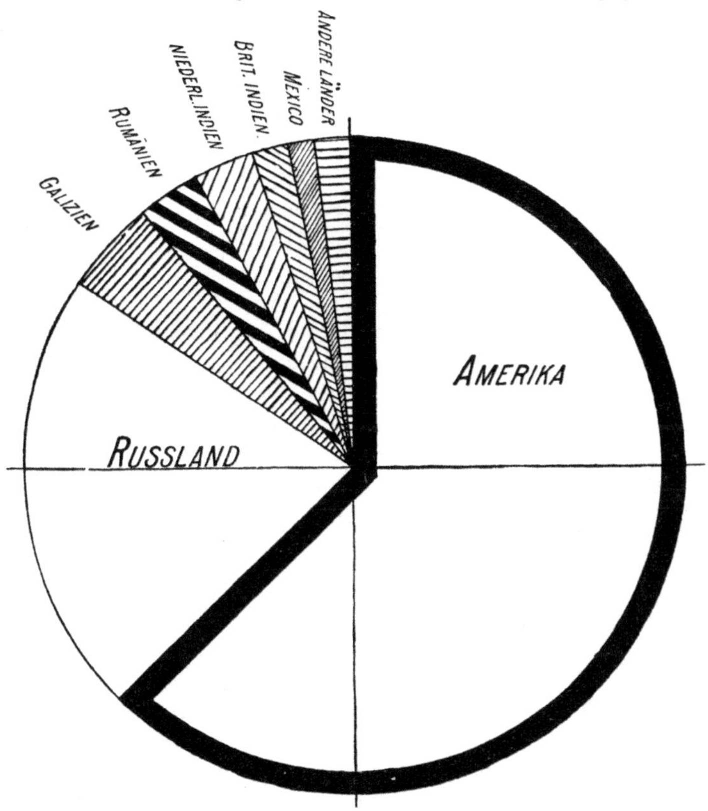

Fig. 1.
Welterzeugung an Petroleum 1908.

In sieben Jahren ist also die Gesamtgewinnung von Petroleum von 23 auf 38 Millionen Tonnen, d. h. um etwa 65 % gestiegen, während die Steigerung der Gesamtkohlenförderung, die 1901 schätzungsweise das 16-fache, 1908 das 13-fache der Petroleumproduktion an Heizwert darstellte, in dem gleichen Zeitraum nur etwa 42 % betragen hat. Besonders auffallend sind die Unterschiede, die in dem Anteil der einzelnen Länder an der Gesamtgewinnung hervorgetreten sind, so das

In 1000 Tonnen.

	Gewinnung		Prozent der Gesamterzeugung	
	1901	1908	1901	1908
Vereinigte Staaten von Nord-Amerika . .	9 756	23 943	42,3	63,0
Rußland	11 511	8 292	49,8	21,75
Galizien	452	1 754	1,96	4,61
Rumänien . . .	270	1 148	1,18	3,02
Niederländ. Indien .	625	1 143	2,7	3,00
Britisch Indien . . .	200	673	0,88	1,76
Mexiko	—	464	—	1,22
Japan	145	276	0,64	0,72
Deutschland	44	142	0,19	0,35
Peru	—	135	—	0,35
Kanada	80	70	0,35	0,19
Ingesamt:	23 083	38 040 einschließlich der kleineren Vorkommen: 38 052		

Sinken der Anteilziffer bei Rußland und ihre erhebliche Zunahme für Rumänien und Galizien. Selbstverständlich äußert sich eine derartige Steigerung der Erzeugung zunächst in einem starken, oft rapide eintretenden Fallen der Absatzpreise, wodurch dann erst allmählich Absatzmöglichkeiten und technische Ausnützung geschaffen werden. Die Ölfeuerung auf den rumänischen und den galizischen Bahnen verdankt diesem Steigen der Produktionsziffer ihre Einführung. Fast beispiellos ist das Vorgehen der österreichischen Staatsbahnen, welche sich, um der 1907 und 1908 in einem die wirtschaftliche Lage gefährdenden Maße gestiegenen Überproduktion ein gesichertes, dauerndes Absatzfeld zu schaffen, entschlossen, mit einem Schlage die Ölfeuerung für sämtliche Lokomotiven ihres nordöstlichen Netzes zur Einführung zu bringen. Wie verzweifelt damals die Verhältnisse in der österreichischen Rohölindustrie lagen, und wie notwendig die helfende Hand des Staates war, möge aus der Angabe hervorgehen, daß der Rohölpreis in Galizien 1908 einen Tiefstand von rd. 10 M für 1000 kg frei Grube erreicht hatte, und daß man das Öl vielfach in die Bäche abfließen ließ, was natürlich eine schwere Schädigung des Landes zur Folge hatte. Und alles dies nur, weil eine rückständige und durch verkehrte Zollpolitik gehinderte Technik das kostbare Naturerzeugnis nicht zu verwerten verstand[1]). Der mit dem Landesverband der Rohölproduzenten

[1]) Äußerst fesselnd schildert diese Verhältnisse im weiteren Zusammenhange Ministerialrat Ing. Arthur Herbst in seinem Vortrage: „Die staatlichen Rohölbehälteranlagen in Galizien.“ (Zeitschr. d. österr. Ing.- u. Architekten-Vereins 1911. Nr. 25 und 26.)

geschlossene Rohöllieferungsvertrag, dessen Hauptpunkte die Verpflichtung zur Lieferung von 1,5 Millionen Tonnen Rohöl zu 26,40 Kronen für 1 Tonne bis 1915 und die Übergabe bedeutender Ölreservoire und Übernahmestationen an die Staatsverwaltung waren, ermöglichte es dem Staate, im Jahre 1910 mit der Ölfeuerung in größerem Maßstabe zu beginnen.

Fast 700 Lokomotiven wurden in den Staatsbahnwerkstätten ausgerüstet, dazu die notwendigen Einrichtungen, Bau einer Entbenzinierungsanstalt sowie der Ölausgabe-Behälter, ferner Beschaffung von Kesselwagen zum Transport des flüssigen Brennstoffes für insgesamt 10¾ Millionen Kronen durchgeführt. Die Ersparnis, welche die österreichischen Staatsbahnen durch diese Einführung der Ölfeuerung auf den galizischen Strecken erzielen, wird, wenn man von einer zahlenmäßigen Darstellung der übrigen Vorteile ganz absieht, allein für Heizmaterial auf etwa 2 Millionen Mark jährlich anzuschlagen sein. Auf Grund der wirtschaftlichen und betrieblichen Vorteile der Ölfeuerung hat man in Österreich neuerdings ihre Anwendung weiter ausgedehnt, insbesondere auch auf die Alpentunnels, und sie auch auf den in Wien einmündenden Bahnen erprobt.

In Galizien, ebenso wie in allen anderen Ländern, die auf eine wirtschaftliche Verfeuerung Wert legen, wird nicht das Rohöl in dem Zustand, wie es gewonnen wird, sondern das nach Abdestillation der zunächst übergehenden und besser verwertbaren Bestandteile verbleibende Rückstandöl, als „Restöl" zu bezeichnen, verfeuert. Der Gehalt an leichteren Bestandteilen ist je nach der Herkunft des Rohöls außerordentlich verschieden, die größten Unterschiede finden sich sogar innerhalb des Bereichs der rumänischen Gewinnungsstätten, wo ein in Moreni gewonnenes Rohöl die größte Ausbeute an Rückständen, etwa 65 % aufweist, Rohöl von Câmpeni dagegen nur 20 %. Im mittleren Durchschnitt kann man etwa annehmen, daß 50 % vom gewonnenen Rohöl als Heizöl zur Verfügung stehen. Ganz abgesehen von der Preisfrage, erscheint die Verwendung von Restöl an Stelle von Rohöl schon mit Rücksicht auf die geringere Feuergefährlichkeit der Rückstände und die Gefahr zufälliger Entzündungen an den Aufspeicherungs- und Tenderbehältern für Rohöl geboten. So findet sich in der Dienstanweisung für die Behandlung der Ölfeuerung", welche die Southern-Pacific-Co. für ihre Lokomotivbediensteten gegeben hat, noch das Verbot: „mit offenem Licht oder mit Laterne näher als 10 Fuß(!) an offene Tenderöffnungen heranzukommen." Die Raffinierungsverfahren sind allerdings heute so weit vervollkommnet, daß bei den Restöl-Lieferungen die Abdestillation der leichter entflammbaren Bestandteile streng durchgeführt ist, doch sichern sich die Rückstände verfeuernden Bahnen durch genaue Angabe des zulässigen niedrigsten Entflammungspunktes in ihren Lieferungsheften. So beträgt der Entflammungspunkt des rumänischen Heizöls, das im allgemeinen aus den bei 250° C verbleibenden Rückständen der Destillation besteht, etwa 120° C, vorgeschrieben war zunächst als unterste Grenze 100° C; infolge gewisser Herstellungsschwierigkeiten haben sich die rumänischen Staatsbahnen jedoch veranlaßt gesehen, diese Grenze auf 80° C herabzusetzen, was sich als unbedenklich erwiesen hat.

Natürlich ist es für die Verfeuerung, mögen die Ölkanäle der Verfeuerungsorgane noch so weit sein, wichtig, den Heizstoff in möglichst dünnflüssigen Zustand zu bringen, schon um die Reibungsverluste in den Zuführungsleitungen möglichst zu verringern. Der Flüssigkeitsgrad von Petroleum-Rückstandöl hängt nun wesentlich von dem Paraffingehalt ab. Petroleum russischer und amerikanischer Herkunft enthält durchschnittlich wenig Paraffin, galizisches und rumänisches erheblich mehr. Es ist daher, abgesehen von den Heizeinrichtungen der Tenderbehälter, üblich, ja bei einzelnen Petroleumsorten notwendig, in die Zuführungsleitung vom Tenderbehälter zu den Brennern vor den Absperrorganen einen Heizapparat einzuschalten, in welchem das zufließende Öl durch Dampf stark vorgewärmt wird; die Notwendigkeit solcher Apparate bei dickflüssigem Heizstoff ergibt sich aus der Angabe, daß beispielsweise rumänisches Heizöl, das bei einer Temperatur unter 5° C ganz zähflüssig erscheint, bereits bei 20° C etwa 28 mal so langsam fließt wie Wasser, bei 50° C nur 4 mal so langsam. Andererseits muß, um Verkokung und Ansetzen im Brenner zu verhüten, mit dem Vorheizen vorsichtig vorgegangen werden.

Petroleumrückstände sind stets leichter als Wasser, worauf bei Konstruktion der Brenner und Behälter besonders geachtet werden muß; z. B. hat amerikanisches Heizöl ein spezifisches Gewicht zwischen 0,95 und 0,99, rumänisches zwischen 0,89 und 0,955, gemessen bei 15° C.

Die im Jahre 1907 ganz besonders hervorgetretene Überproduktion an Petroleum in Galizien und der dadurch erzeugte Preisrückgang konnten die Möglichkeit einer Einführung von Heizöl nach Deutschland nahelegen, um für gewisse Anwendungsgebiete die Vorteile der Verfeuerung flüssiger Brennstoffe auch hier nutzbar zu machen. Zurzeit macht jedoch selbst bei niedrigstem Verkaufspreise die Höhe des Einfuhrzolls jeden Gedanken an Einführung zunichte. Bei dem derzeitigen Preise von rd. 25 M für die Tonne würden sich für galizisches Petroleum die Gesamtgestehungskosten bei 20,40 M Frachtkosten Boryslaw-Berlin auf 45,40 M belaufen, somit eine wirtschaftliche Verfeuerung möglich sein, da die Gestehungskosten der Steinkohle einschl. der Fracht im runden Durchschnitt zu 20 M/t anzunehmen sind, wenn nicht die hohen Zollgebühren von 60 M/t den Gestehungspreis des Heizöls auf 105,40 M emporschnellen und damit die Einführungsmöglichkeit abschneiden würden. Da eine erhebliche Einfuhr von Petroleumrückständen für Kesselheizzwecke nicht stattfindet, so würde der Fortfall dieses Prohibitivzolls dem Staat keinen Verlust bringen, im Fall daß die Aufhebung oder Erniedrigung des Zolls auf die Rohölrückstände beschränkt und der Zoll für Rohöl nach wie vor aufrechterhalten bliebe. Eine über das gewöhnliche Maß hinausgehende Überwachung der Einfuhr, um mißbräuchliche Verwendung zur Leucht-Petroleum-Destillation zu verhüten, käme demnach nicht in Frage. Augenblicklich sind auch Bestrebungen im Gange, welche auf eine wesentliche Herabsetzung des Zolls für Diesel-Motorenöl und dgl. gerichtet sind, und neuerdings ist die Nachricht durch die Presse gegangen, daß ein Gesetzentwurf zur Schaffung eines Reichs-Petroleum-Monopols in Aussicht stehe. Trotzdem diese Ankündigung alsbald dementiert worden ist, erscheint es doch nicht ausgeschlossen, daß ein derartiges Monopol als Mittel zur Erhöhung der Staatseinkünfte in Aussicht genommen wird. Bei der Erörterung dieser Frage darf jedenfalls nicht, wie bisher vielfach, angenommen werden, daß dabei das Lampenpetroleum die allein maßgebende Rolle spiele, sondern es ist zu bedenken, daß infolge der stetigen Verbilligung und Ausbreitung der elektrischen Lichtquellen die Verwendung als Leuchtöl in verhältnismäßigem Rückgang begriffen ist, und daß neben dem Benzin die Verwendung von Petroleumrückständen als Heizöl einen sehr wesentlichen Teil des Absatzes zu bilden berufen sein wird. Immerhin ist also die Möglichkeit der Einführung von Petroleumrückständen für Heizzwecke im Auge zu behalten.

Nun sind wir aber bei der Beschaffung eines Öls, welches die Anwendung für Heizzwecke unter annähernd gleichen Kosten wie bei Kohlenfeuerung ermöglicht, neuerdings nicht mehr auf das Ausland angewiesen. In Deutschland vor allem, jedoch in geringerem Maße auch in den übrigen kohleerzeugenden Ländern, ist in jährlich steigenden Mengen ein Öl auf den Markt gekommen, das bei der Destillation der Kohle zwecks Gas- und insbesondere Kokserzeugung als Nebenprodukt gewonnen wird und bis vor kurzem hauptsächlich für Schwellentränkung und dgl. Verwendung fand. Es handelt sich hier durchaus nicht mehr um so geringe für die Verfeuerung verfügbare Mengen, daß es etwa unmöglich wäre, einen dauernden Verbrauch in größerem Maßstabe aufrechtzuerhalten, und auf diesem Verbrauch eine große Industrie aufzubauen: Die gesamte Steinkohlen-Teerölerzeugung aus Kokereien in Westfalen und Oberschlesien sowie aus Gasanstaltsteer hat 1909 die beachtenswerte Höhe von etwa 300 000 Tonnen erreicht und ist für 1911 zu etwa 450 000 Tonnen anzunehmen. Während nun aus einer weiteren Ausdehnung der Leuchtgaserzeugung eine wesentliche Mehrgewinnung von Teeröl augenblicklich kaum zu erwarten ist,

ist die Kokserzeugung und damit die Gewinnung der Nebenprodukte in immer steigendem Aufschwung begriffen, den Fig. 2 in der Darstellung der deutschen Kokserzeugung von 1897—1910 deutlich erkennen läßt. Zwar dauerte der für 1908 gegen 1907 erkennbare Rückgang, der auf das Nachlassen der Eisenerzeugung infolge Abflauens der Absatzverhältnisse zurückzuführen ist, auch im Jahre 1909 an, für das Abschlußzahlen noch nicht vorliegen, doch ist dieser zeitweilige Rückgang gegen die allgemein steigende Tendenz der Koksgewinnung unbedeutend, und 1910 setzt bereits wieder mit der Besserung der wirtschaftlichen Verhältnisse eine ganz erhebliche Steigerung der Kokserzeugung ein.

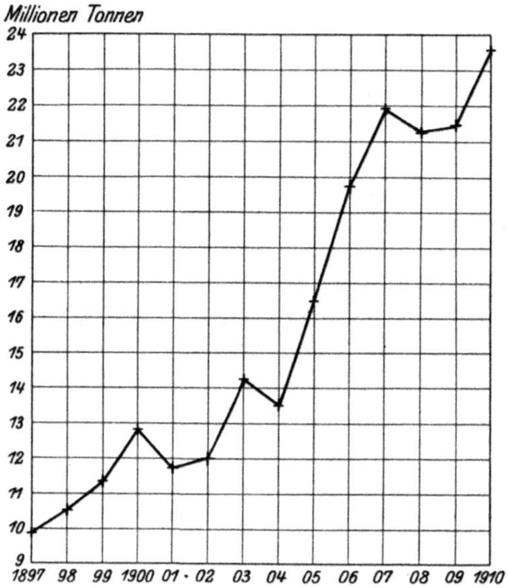

Fig. 2.
Deutsche Kokserzeugung 1897 bis 1910.

Da aus einer Tonne Kohle im Kokereibetrieb durchschnittlich 50 bis 55 kg Teer gewonnen werden, die 15—20 kg Teeröl enthalten, so würde die 1908 gewonnene Koksmenge, falls alle Koksöfen mit Gewinnung von Nebenerzeugnissen arbeiteten, allein schon 315—420 000 Tonnen Teeröl ergeben haben. Es sind jedoch sogar in Deutschland, das im Bau und in der Verwendung der Kondensationsöfen an der Spitze steht, zurzeit nur etwa die Hälfte der Gesamtzahl an Koksöfen zur Gewinnung sämtlicher Nebenprodukte eingerichtet. Ein Bild der Zusammensetzung des Teers und der Rolle, welche die Teeröle dabei spielen, gibt folgende Analyse für typischen Kokereiteer:

Wasser	Benzol und Homologe	Phenol und Homologe	Steinkohlenteeröl		Naphthalin roh	Pech
			Kreosotöl	Anthracenöl		
4,5 %	2,5 %	1,3 %	30—33 %		7,5 %	50 %

Aus dem Vergleiche mit Deutschland erhellt ohne weiteres, welches Gebiet für die Heizölgewinnung in anderen Kohlenländern noch brachliegt. Während in Deutschland die Kokserzeugung etwa 10 % der Kohlengewinnung beträgt, ist diese Ziffer für Amerika 1907 nur 8,5 %, 1908 sogar nur 6,3 % gewesen; die Gewinnung von Nebenprodukten ist dabei erst seit kurzem, allerdings in rapider Entwickelung eingeführt worden.

Die Kenntnis der Einrichtungen, mittelst deren man in einfachster Weise flüssige Brennstoffe verfeuern kann, ist bisher so wenig Allgemeingut der Techniker geworden, daß man sogar dann noch keinen Gebrauch davon zu machen gewöhnt ist, wenn man ein teures Brennmaterial weither heranschaffen muß, während man flüssigen Brennstoff zu billigem Preise abgibt. Solche Verhältnisse liegen z. B. bei dem größten Teil der Fettgasanstalten vor, wo für den im Betriebe der Gasanstalt gewonnenen Teer im Verkauf selten mehr wie 25 M für 1 t, meist jedoch nur 16—20 M/t erzielt werden, während man gleichzeitig zur Beheizung der Retorten Koks einkauft, der durchschnittlich einschließlich Fracht auf etwa 25 M/t zu stehen kommt. Dabei hat aber Teer gegenüber Koks mindestens den 1,5 fachen Heizwert, so daß beim Verkauf jeder Tonne Teer ein rechnerischer Verlust von 10—20 M entsteht. Erst neuerdings ist man bei Neuanlage von Fettgasanstalten mit Regeneratoröfen zur Verfeuerung von Teer übergegangen, doch liegt kein Hindernis vor, Teer auch unter den gewöhnlichen gußeisernen Horizontalretorten zu verfeuern, wobei in den meisten Fällen die im eigenen Betrieb als Nebenerzeugnis gewonnene Teermenge ausreichend wäre, nötigenfalls müßte der Bedarf durch Steinkohlenteeröl ergänzt werden.

Allerdings soll damit die Verfeuerung von Teer, wenn sie sich auch wie im vorliegenden Fall als *wirtschaftlich* erweist, nicht im allgemeinen als *volkswirtschaftlich* hingestellt werden. In jedem Falle ist Teer ein Rohprodukt, aus dem sich durch Weiterbehandlung wertvollere Produkte gewinnen lassen, und es bedeutet daher die unmittelbare Verfeuerung des Teers einen Verlust des Mehrwerts, der in diesen edleren Produkten enthalten ist. Deshalb sind auch die Bestrebungen, abgesehen von dem vorerwähnten Sonderfalle der Verwertung im eigenen Kleinbetriebe, Teer in großem Maßstabe in Kesselfeuerungen und Ölmotoren zu verwerten, vom volkswirtschaftlichen Standpunkte aus als unrichtig zu bezeichnen, rationeller wird stets die Verfeuerung der aus dem Teer erzeugten Schweröle nach Gewinnung der übrigen Nebenprodukte sein.

Auf Grund der Gegenüberstellung des Wertes der Kohle im Gewinnungszustande mit dem durch das Verfahren der Koksdestillation erzielbaren Wert kann man zu der zunächst recht paradox klingenden Überzeugung kommen, der Dr. Max Pöpel in einem Aufsatze über die Steinkohlenindustrie („Zeitschrift d. Vereins deutscher Ing." 1908 Nr. 29) Ausdruck gibt, „daß eine unmittelbare Verbrennung der Kohle im Ofen eine unverantwortliche Verschwendung bedeutet". Es liegt in der Tat nahe, die Wertsteigerung des „rohen" und des „veredelten" Erzeugnisses zu vergleichen. Der Verkaufswert von 1 Tonne Steinkohle sei ohne Fracht mit rd. 11 M angenommen. Aus dieser einen Tonne gewinnt man nun im Nebenproduktenofen durchschnittlich etwa:

770 kg	Koks	zu	19 M/t	=	14,63 M	
50 kg	Rohteer	zu	25 M/t	=	1,25 „	
10 kg	Ammoniak	zu	260 M/t	=	2,60 „	(als Sulfat berechnet)
6 kg	Benzol	zu	180 M/t	=	1,08 „	
			Zusammen		19,56 M	

Selbst unter Vernachlässigung des Wertes welchen die überschüssigen Koksofengase sowie die mannigfaltigen aus dem Rohteer erzeugbaren teilweise hochwertigen Erzeugnisse darstellen, ergibt sich somit bei den heutigen Marktverhältnissen bereits eine Wertsteigerung von rd. $8\frac{1}{2}$ M. Würde man also in Deutschland noch weitere 10 % der gesamten jährlichen Steinkohlengewinnung verkoken, so würde sich ein jährlicher Mehrgewinn von etwa 120 Millionen M ergeben.

Man ersieht aus dieser Betrachtung, daß durch die Eröffnung größerer dauernder Anwendungsgebiete für die Einzelprodukte der Koksdestillation, zu denen auch das Teeröl rechnet, auch nationale Güter geschaffen werden können. Die einschlägigen Fragen sind bereits so eingehend behandelt worden[1]), daß ein Hinweis an dieser Stelle genügt. Man muß sich allerdings hüten, diese Folgerungen zu weit zu treiben, da es natürlich nicht ohne weiteres zulässig ist, die jetzigen Absatzpreise auf eine zukünftig denkbare Ausdehnung der Absatzverhältnisse anzuwenden, und eine bedeutende Steigerung der Erzeugung zweifellos von einem Sinken der Verkaufspreise begleitet sein wird.

Die Steinkohlenteeröle haben nun zwar einige Eigentümlichkeiten, welche die Verwendung als Heizöle erschweren, anderseits aber besitzen sie im Vergleich zu den Erdölen eine Reihe von Eigenschaften, welche sie für die Verfeuerung als sehr geeignet erscheinen lassen. Zu den nachteiligen Eigenschaften gehört ihr zersetzender Einfluß auf alle Stoffe vegetabilischer Herkunft und Zusammensetzung, insbesondere auf Dichtungs- und Packungsmaterial aller Art; ferner gehört dazu ihr

[1]) Dr. Franz Erich Junge, Die rationelle Auswertung der Kohlen als Grundlage für die Entwicklung der nationalen Industrie. Berlin 1909.

Durchdringungsvermögen für alle nicht vollkommen undurchlässigen Verbindungen; Teeröl „sucht", wie es in der Sprache der Monteure treffend heißt. Außerdem wirkt erschwerend die Abscheidung von Bestandteilen (Anthrazen) in fester Form bei niedriger Temperatur, schließlich der scharfe Geruch, welcher dem Öl eigen ist und bei unvollkommener Verstäubung sowie beim Verdampfen der zufällig an den Rohren außen anhaftenden Reste sehr störend auftreten kann. Von der Beseitigung dieser Schwierigkeiten durch die technische Ausführung wird später die Rede sein. Vorteilhaft für die Verfeuerung ist ihr geringer Aschen- und Schwefelgehalt, ihr bei normaler Temperatur dünnflüssiger Zustand, ihr hohes spezifisches Gewicht und ihr hoher Entflammungs- und Siedepunkt. Ihr spezifisches Gewicht schwankt zwischen 1,0 und 1,1 und beträgt im Mittel 1,04—1,06; die im Öl stets vorhandenen oder von außen hineingelangten geringen Mengen Wasser, die sich in den Behältern allmählich zu größeren Mengen sammeln, setzen sich daher auf der Oberfläche ab und werden nicht in die unten einmündenden Ölzuflußrohre, die den Brennern den Brennstoff zuführen, mitgerissen. Das Abzapfen des Wassers ist allerdings erschwert. Wegen des hohen Entflammungspunktes kann von besonderen Vorsichtsmaßregeln für Annäherung mit offener Flamme an die Behälter abgesehen werden, Teeröl gewährt einen hohen Sicherheitsgrad. Der Siedepunkt beträgt 180—360°. Der Entflammungspunkt liegt über 80° C. Trotzdem entzündet sich das Öl in fein verstäubtem Zustande und bei richtiger Feuerungsanordnung sofort ohne die geringste Schwierigkeit. Der Heizwert steht dabei durchschnittlich nicht weit hinter dem der Erdöl-Rückstände zurück, 9000—9500 Wärmeeinheiten sind stets vorhanden und wegen des geringen Aschegehalts (0,02 %) auch zum größten Teil ausnutzbar, so daß man jedenfalls bei Zusatzfeuerung 13fache Verdampfung erzielen kann.

Die Anwendbarkeit und die Methoden der Ölfeuerung.

Die vorteilhaften Eigenschaften dieses einheimischen Brennstoffes und die günstigen Marktverhältnisse legten die Möglichkeit der Verwendung für Lokomotivfeuerung in größerem Maßstabe nahe. Der Verfasser, welcher Gelegenheit hatte, in der Lokomotivfabrik der Firma Orenstein & Koppel A. G. in Drewitz bei Berlin bei der Verwendung von Ölfeuerung für Förderlokomotiven kleinster Abmessungen sich mit der Verfeuerung von Steinkohlenteeröl zu beschäftigen, faßte daher die diesbezüglichen Erfahrungen und Vorschläge in einer Arbeit „Über Anwendbarkeit, Wirtschaftlichkeit und Vorteile der Teerölfeuerung für Lokomotiven" zusammen, in welcher die Vorteile der Ölfeuerung dargestellt und insbesondere nachzuweisen versucht wurde, daß eine

Nutzbarmachung dieser Vorteile für bestimmte Anwendungsgebiete ohne wesentliche Mehrkosten gegenüber der jetzigen Steinkohlenfeuerung durchführbar sein könne. Als Anwendungsgebiete wurden die folgenden angeführt:

Stadtbahnlokomotiven, zur Verringerung der Rauchbelästigung und Vermeidung des Funkenwurfs, bis zur Einführung des elektrischen Betriebes;

Hauptbahnlokomotiven für Tunnelstrecken;

Schnellzuglokomotiven, zur Ermöglichung des Durchfahrens längerer Strecken ohne Reinigung des Kessels und Brennstoffergänzung, sowie für Ausnahmeleistungen;

Lokomotiven mit zeitweise hoher Beanspruchung (Steigungsstrecken) zwecks Erhöhung der Leistungsfähigkeit des Kessels.

Nachdem bereits in früheren Jahren Petroleumfeuerung für preußische Lokomotiven zeitweise Anwendung gefunden hatte, ordnete der Herr Minister der öffentlichen Arbeiten auf Grund dieser von der Kgl. Eisenbahndirektion Berlin befürworteten Vorschläge die Vornahme eingehender Betriebsversuche an, die während der letzten drei Jahre von der Kgl. Eisenbahndirektion Frankfurt a. M. bei der Maschinen- und der Werkstätteninspektion Limburg a. Lahn durchgeführt worden sind, und mit welchen der Verfasser betraut war. Zunächst wurden an einem mit Dampfanschluß versehenen festen Versuchsstande verschiedene Brennerarten nach eigener Konstruktion erprobt, diese Brenner sodann an älteren, zur Ausmusterung bestimmten, jedoch für diesen Zweck noch verwendbaren Lokomotivkesseln versucht und schließlich einige Maschinen ausgerüstet und im Betriebe beobachtet. Das Ergebnis dieser Versuche und die Einrichtung im einzelnen soll im folgenden dargestellt werden, nachdem zunächst eine zusammenfassende Übersicht der bei Ölfeuerung für Lokomotiven gebräuchlichen Verfahren und der verwendeten Brennerkonstruktionen gegeben ist.

Die Verfeuerung des flüssigen Brennstoffes erfolgt je nach den vorliegenden Verhältnissen und dem beabsichtigten Zweck entweder als reine Ölfeuerung unter Ausschluß anderer gleichzeitig zu verfeuernder Brennstoffe oder als Zusatzfeuerung über festen Brennstoffen beliebiger Art.

Die reine Ölfeuerung kommt natürlich dort in Frage, wo die Beschaffungskosten der Heizöle derart sind, daß die nutzbar gemachte Wärmeeinheit für den Verbraucher ebenso teuer oder billiger zu stehen kommt wie bei Kohle oder sonstigen festen Brennstoffen. Diese Grenze wird für Deutschland im Durchschnitt etwa bei einem Heizölpreise von 32 M/t (einschließlich Fracht) liegen. Berechnet man ferner die Ersparnisse, welche durch Fortfall der Ausschlackarbeit, durch Verringerung der

Anheizarbeit und größere Ausnutzung der Maschinen erzielbar sind, so können die reinen Materialkosten noch etwas höher liegen, ohne daß die Wirtschaftlichkeit des Betriebes gegenüber Kohle zurücksteht. Hammer[1]) berechnet 37,50 M/t für Berlin einschl. Frachtkosten. In Einzelfällen, insbesondere bei verhältnismäßig niedrigem Ölverbrauch, Mangel an Kohlenstapelplätzen und dgl., ist die Verwendung reiner Ölfeuerung geboten, auch wenn die Betriebsmaterialkosten sich wesentlich höher berechnen.

Will man bei einem Heizölpreise, der die oben genannte Höhe übersteigt, die Vorteile der Ölfeuerung wenigstens in beschränktem Maße ausnutzen, so kommt Zusatzfeuerung in Frage, und zwar entweder zur zeitweiligen Anwendung nur auf einzelnen genau bezeichneten Streckenteilen, wie Tunnel oder kurze starke Steigungen, oder dauernd während des Hauptteils des gesamten Betriebes. Es sei bereits hier erwähnt, daß bei den Versuchen in Limburg die Zusatzfeuerung während nahezu der ganzen Laufzeit der Lokomotive unter Dampf zur Anwendung kommt, im Gegensatz zu dem größten Teil der bisher in anderen Ländern, außer Petroleumländern, ausgeführten Lokomotiv-Zusatzfeuerungen. Ein Beispiel für die zeitweilige Zusatzfeuerung bietet die bekannte Ölfeuerung auf der Arlbergstrecke der österreichischen Staatsbahnen. Den Scheitel dieser von Innsbruck nach Bregenz führenden Strecke bildet der Tunnel durch den Arlberg, der eine Länge von rd. $10\frac{1}{4}$ km aufweist, wovon etwa $^2/_5$ in der Steigung 1 : 40, $^3/_5$ im Gefälle 1 : 66 liegen. Die Strecke ist stark belastet, die Schnellzüge werden zum Teil von den stärksten 5/6 gek. Lokomotiven, Bauart Gölsdorf, mit 16 at Kesseldruck, die Güterzüge vielfach mit Vorspann gefahren. Bei reiner Kohlenfeuerung, Braunkohle vorzüglicher Beschaffenheit, war die Rauchbelästigung im Tunnel besonders bei ungünstiger Windrichtung, trotzdem der Tunnel zweigleisig ist, außerordentlich stark und hat zur Einrichtung der im Heizhaus Landeck stationierten etwa 40 Lokomotiven mit Zusatzfeuerung Anlaß gegeben. Verwendet werden Brenner der Bauart Holden, mit einigen im Betriebe der Arlbergbahn erprobten Ändrungen, d. h. Fortlassung und Außerbetriebsetzung von Teilen, die sonst als notwendige Bestandteile dieser Brenner angesehen worden sind. Bei den Mitfahrten konnte ich weder auf den Lokomotiven der Personenzüge noch der Güterzüge eine belästigende Rauchwirkung beobachten, nachdem die Brenner angestellt worden waren. Das Kohlen-Unterfeuer ist bei der Einfahrt in den Tunnel gut durchgebrannt, darüber wird dann, mit allerdings nur schwacher Flamme, Öl gefeuert,

---

[1]) Verwendung flüssiger Brennstoffe zur Heizung von Lokomotiven. Vom Königlichen Regierungsbaumeister G. Hammer. Verkehrstechnische Woche, 1909, S. 214 u. ff.

Tabelle I.

Tag	Zug	Strecke	Länge km	Zugbelastung t	Verbrauch bei Fahrt Lignit kg	Teeröl kg oder Liter
18. Sept. 1908	Durchgangs-Güterzug D 6784	Limburg—Coblenz	53	579	1350	80

der Heizer kennt die Einstellgrenze der Regelhähne so genau, daß Rauchentwickelung vermieden wird. Es fiel auf, daß als Brennstoff Blauöl verwendet wurde, ein verhältnismäßig teueres, aus Rohöl gewonnenes Destillat, dessen Gestehungspreis ungefähr 90 Kronen/t betrug. Ob jetzt, nachdem die österreichischen Staatsbahnen das mehr als dreimal so billige Restöl in Galizien verfeuern, noch dieses teure Destillat Verwendung findet, kann nicht angegeben werden, jedenfalls hätte man eine gleich rauchfreie Verbrennung auch mit Rückständen oder mit Teeröl erreichen können. Für nicht ganz reine Brennstoffe sind die enge Durchgangsquerschnitte aufweisenden Holden-Brenner sehr empfindlich, im Heizhaus Landeck ist dauernd ein Schlosser mit Instandhaltung der Brenner beschäftigt. Eine Erklärung findet das Festhalten an diesem teueren Brennstoff darin, daß die Verfeuerung von Öl eben nur auf der verhältnismäßig kurzen Steigungsstrecke im Tunnel, und auch dort nur bei Dampfmangel und bei Rauchentwicklung begünstigenden Windverhältnissen stattfindet, daß daher der Verbrauch an Heizöl gegenüber dem Kohlenverbrauch stark zurücktritt. Da der Arlbergbahnbetrieb durch die Literatur bekannt und für die wenigen früher in Deutschland vorgenommenen Versuche (Kochemer Tunnel, Obernhofener Tunnel) zum Muster genommen wurde, so wurde dort als Heizöl stets das teure Blauöl oder Grünöl verwendet, so daß die Öl-Zusatzfeuerung als teuer und qualmerzeugend etwas in Verruf kam.

Mittels Zusatzfeuerung gelingt es, auch minderwertige Brennstoffe zur Lokomotivfeuerung nutzbar zu machen; je nach dem Heizwert des festen Heizstoffes müssen dann die Brenner einen größeren Teil der Leistung übernehmen. Die Rumänischen Staatsbahnen verfeuern auf der überwiegenden Mehrzahl ihrer Lokomotiven als Unterfeuer Holz und Lignit von einem Heizwert, der durchschnittlich nur etwa ein Viertel bzw. die Hälfte von dem westfälischer Steinkohle beträgt, trotzdem tun die Lokomotiven seit ihrer Einrichtung mit Zusatzfeuerung auch auf den starken in Rumänien vorkommenden Steigungen Dienst. Auch in Deutschland bietet sich, solange man nicht zur Verwertung derartiger minderwertiger Brennstoffe durch Vergasung für Kraftzentralen schreitet,

Tabelle I.

Kosten des bei Fahrt verfeuerten Brennstoffes			Geleistete Tonnen-kilometer	Verbrauch für 1000 tkm		Brennstoff-kosten für 1000 tkm	Bemerkungen
Lignit M	Teeröl M	Zus. M	tkm	Lignit kg	Teeröl kg	M	
12,70	3,74	16,44	30 600	44	2,6	0,54	Preis: Lignit: frei Grube 7,90 M/t, Fracht bis Limburg 1,50 — Sa. 9,40 M/t.

in der Zusatzfeuerung eine ohne weiteres durchführbare Verwendungsmöglichkeit für schlechte Braunkohlen und Lignite, deren Auswertung in vielen Gegenden brachliegt, da sich der Transport auf größere Entfernungen nicht lohnt und Verfeuerung in stark beanspruchten Betrieben nicht möglich ist. So wurde in Limburg mit der ersten versuchsweise mit Zusatzfeuerung ausgerüsteten 3/3 gek. Güterzuglokomotive, Gattung G_3, unter anderem auch eine Versuchsfahrt gemacht, bei der als Unterfeuer eine in der Braunkohlengrube Alexandria bei Höhn im Westerwald gewonnene Lignit-Braunkohle zur Verwendung kam. Die nachstehende Tabelle I gibt die wesentlichen Verbrauchs- nud Leistungsergebnisse dieser Versuchsfahrt wieder.

Es sollte damit nur die Möglichkeit erwiesen werden, selbst mit einer gegenüber Steinkohle minderwertigen Kohle durch Zusatzfeuerung noch eine ausreichende Dampfentwickelung zu erzielen; ein Engerlegen des Rostes und Abänderung der Zugverhältnisse, wie bei Einrichtung eines Kessels für dauernde Verfeuerung derartiger Brennstoffe notwendig, hatte vorher nicht stattgefunden. Die hohe Verbrauchsziffer erklärt sich dadurch, daß eine sonst für Kleinkessel gebrauchte stark zerkleinerte Braunkohle verfeuert wurde, so daß die leichtesten holzspanartigen Stücke infolge der starken Zugwirkung mitgerissen wurden, ohne zur vollständigen Verbrennung zu kommen. Die Verfeuerung unter der Ölflamme in feststehenden Kesseln kann jedenfalls eine sehr erwünschte Absatzmöglichkeit für die Lignit-Industrie erschließen.

Eine Verbesserung des Brennmaterials durch Beigabe von etwa 20 % an Steinkohlenbriketts, wie sonst üblich, kann daher bei Zusatzfeuerung entfallen; ebensowenig sind Briketts oder große Stücke zum Anheizen nötig, da durch Ansetzen der Brenner der Betriebsdruck des Kessels in ganz kurzer Zeit, je nach der Kesselgröße und Zugstärke etwa 10—20 Minuten, erreicht werden kann, wenn erst der zum Betriebe der Brenner und des Bläsers erforderliche Druck von etwa 3 at vorhanden ist. Die Funktion der Steinkohlenbriketts ist ja eigentlich eine ähnliche wie die der Ölzusatzfeuerung; sie geben durch die Verbrennung der ihnen als Bindestoffe beigemischten teerigen Bestandteile eine schnelle

Entflammung und stärkere Wärmeentwicklung. Die in Limburg laufenden Lokomotiven mit Zusatzfeuerung dürfen daher den üblichen Zusatz an Briketts nicht entnehmen und verfeuern die billigere gewöhnliche Förderkohle. Auf stückreiche Kohle kommt es dabei wenig an, am besten geeignet erweist sich dünne Kohle, die den Rost gleichmäßig bedeckt. Bei Zusatzfeuerung erweitert sich somit die Verwendungsmöglichkeit der Steinkohle als Lokomotivkohle.

Die Brenneranordnungen für Lokomotiven.

Die Ölfeuerungseinrichtung der Lokomotiven besteht aus den Ölbehältern, den Verteilungsleitungen, den Regelungsorganen und den Verstäubern, die wir als „Brenner" bezeichnen. Für die Anordnung der Brenner in und an der normalen Lokomotivfeuerkiste sind verschiedene Möglichkeiten denkbar, die sämtlich in praktischer Anwendung stehen und daher an ausgeführten Beispielen kurz besprochen werden sollen.

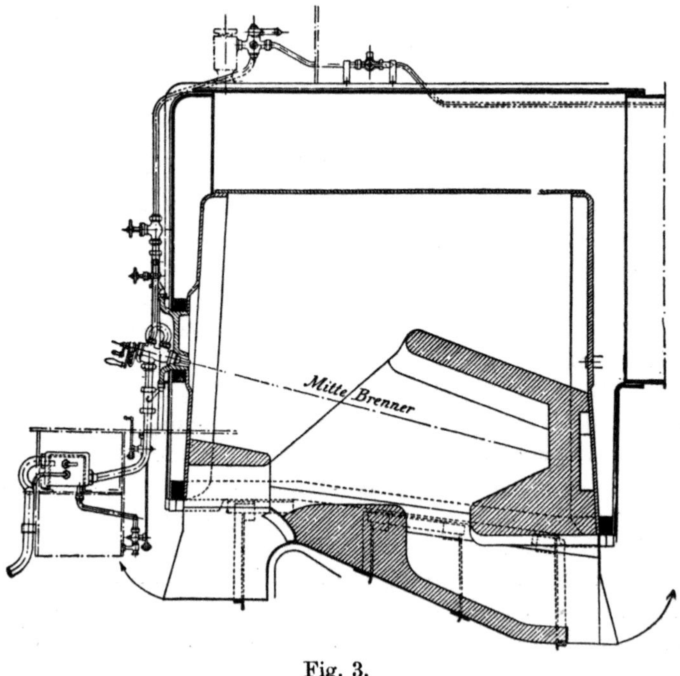

Fig. 3.
Brenneranordnung in der Feuertüröffnung.
(Rumänische Staatsbahnen, Bauart Dragu).

Am naheliegendsten und bei den meisten Lokomotivfeuerungen zunächst ausgeführt ist die Anordnung in der Feuertüröffnung. Ein Beispiel für diese Anordnung gibt die in Fig. 3 dargestellte Ausführung der Rumänischen Staatsbahnen mit Brenner Bauart Dragu. Wie aus der Figur ersichtlich, ist der Aschkasten der früheren Kohlenfeuerung beibehalten und durch Winkel- und T-Eisen derart versteift, daß er das Gewicht einer sowohl im Aschkasten wie im unteren Teil der Feuerkiste eingebauten starken Schamotteausmauerung zu tragen vermag. Beide Aschkastenklappen sind geblieben und dienen nach wie vor zur Regelung der Luftzuführung.

Um jedoch das unmittelbare Zuströmen kalter Luft zur Flamme und insbesondere zu den hoch erhitzten Feuerkistenwänden zu verhüten, bildet die Schamotteausmauerung sowohl von der vorderen wie von der hinteren Aschklappe (jetzt Luftklappe) aus eine die Vorwärmung der Verbrennungsluft besorgende Gasse. Selbst wenn aber die Verbrennungsluft an anderen Stellen eingeführt wird, ist trotzdem eine starke richtig anzuordnende Schamotteausmauerung eine Notwendigkeit für jede reine Ölfeuerung. Einen gewissen Ersatz durch eine starke Gußeisenplatte zu bieten, ist mit einigem Erfolg versucht worden. Die Schamotte, welche im Betriebe auf Hell-Rotglut bis Weißglut erhitzt wird und sich bald mit einer glasigen harten Schlacke überzieht, dient als Wärmespeicher und Ersatz für die sonst auf dem Rost vorhandene glühende Kohlenschicht, um das beim Abstellen der Brenner auf Haltestellen sonst unvermeidliche schnelle Sinken des Kesseldrucks zu verhüten, sie bewirkt ferner die rechtzeitige schnelle Verbrennung der in der Flamme glühenden noch unverbrannten Kohleteilchen und dient zum stetigen „Zünden" der Flamme, die bei Kleinstellung der Brenner auf stark verringerte Brennstoffzufuhr stets geneigt ist „abzusetzen". Ist die Schamotteauskleidung nicht ausreichend, falsch angeordnet oder schon zu weit, d. h. unter Rotglut, abgekühlt, so vergasen die vom Brenner in die Feuerkiste geschleuderten feinen Öltröpfchen beim Auftreffen auf die heißen Wände, und es entsteht bei Zündung durch eine hinzutretende Flamme, oder sobald ein zündfähiges Gasgemenge durch genügende Luftzufuhr zustande gekommen ist, eine Explosion in der Feuerkiste, welche die Schamotteausmauerung benachteiligen und die Flamme nach rückwärts hinausschlagen lassen kann. Bei Zusatzfeuerung, bei der der Ölstaubstrahl stets sofort zur Entzündung kommt, sind derartige Erscheinungen fast ausgeschlossen, durch aufmerksame Bedienung lassen sie sich in jedem Falle vermeiden.

Läßt man einen Brenner an freier Luft brennen, was bei guter Verstäubung und entsprechender Anordnung unschwer gelingt, so erreicht die Flamme bei größerer Ölzufuhr und hoher Dampfspannung eine beträchtliche Länge. Fig. 4 zeigt dies an einer an freier Luft entzündeten Flamme eines Flach-Schlitz-Brenners auf dem Versuchsstande Aus der Figur und noch besser aus der Fig. 5, welche eine Zeitaufnahme der gleichen Flamme gibt, geht hervor, daß die Flamme bei dieser Ein stellung des Ölventils, die einem Druck des Zerstäuberdampfes von etwa 2 at. (s. das Manometer) entspricht, gänzlich rauchlos ist. Möglichst

Fig. 4.
Flamme eines Flachschlitz-Brenners (Momentaufnahme).

Fig. 5.
Flamme eines Flachschlitzbrenners (Zeitaufnahme).

lange Feuerkisten sind daher günstig für eine gute Entwicklung der Flamme; keinesfalls soll man durch allzu nahe angeordnete Vorbauten diese Längenentwicklung unnötig beschränken. An solchen Vorbauten, gegen welche noch nicht völlig verbrannte Ölteilchen anschlagen, entstehen sonst Koksansätze, die Verluste und Verhinderung der Entfaltung der Flamme herbeiführen. Aus dem Bestreben heraus, die Längenrichtung der Feuerkiste für die Flammenentwicklung möglichst auszunutzen, hat man der Flamme in der Feuerkiste nach Fig. 3 diagonale Richtung gegeben. Der Luftzug lenkt die Flamme um so mehr nach oben zu ab, je geringer die Intensität des nach vorn treibenden Dampfstrahls mit seiner wachsenden Ausbreitung wird, bei der Anordnung nach Fig. 3 tritt daher, da die Feuerbrücke an der Rohrwand keine Durchbrechungen aufweist, der Fall ein, daß die Flamme beim Anschlagen an die untere Fläche des Feuerschirms zurückgetrieben wird und unmittelbar gegen die sehr nahe Feuerkistendecke schlägt. Es ist nicht zu verwundern, wenn insbesondere die Deckenanker, jedoch auch die Stehbolzen bei dieser Anordnung stark leiden. Es erweist sich dann als notwendig, die inneren Köpfe der Deckenanker umzunieten, da Muttern nach kurzer Zeit wegbrennen. Es sei jedoch betont, daß derartige Abzehrungserscheinungen keinesfalls eine notwendige Folge sämtlicher Ölfeuerungseinrichtungen bei Lokomotivfeuerkisten sein müssen, und daß sie durch zweckmäßigere Anordnung zu vermeiden sind.

Diese ersterwähnte Anordnung der Brenner innerhalb der Feuertüröffnung ist einfach, da sie keinerlei Abänderungen am Kessel bedingt. Die Feuertür mit Platte wird durch eine Gußplatte ersetzt, in welche der Brenner, zwei Brenner haben nebeneinander im allgemeinen keinen Platz, eingesetzt wird. Für Zusatzfeuerung ist die Anordnung derart ausführbar, daß man den flach gehaltenen Brenner am oberen Rand des Feuerloches einsetzt.

Charakteristisch und fast selbstverständlich für alle bisher in England, Frankreich, Österreich und Deutschland — nach der zeitlichen Reihenfolge der Anwendungen — ausgeführten Zusatzfeuerungen ist die Anordnung der Brenner in der Feuertürwand, und zwar in besonderen, meist unterhalb vom Feuerloch eingesetzten Hülsen, wie sie Fig. 6 wiedergibt, welche die Anordnung bei der hier ausgerüsteten Schnellzugslokomotive der Gattung S_3 darstellt. Jede der eingeschraubten Hülsen enthält einen Flach-Schlitzbrenner nach später zu beschreibender Bauart. Die Flamme kann infolge der diesem Brenner eigentümlichen Konstruktion so gerichtet werden, daß sie, wie Fig. 6 zeigt, schräg in Richtung des Rostes unter den Flammschirm schlägt, während aus dem Grundriß hervorgeht, daß seitliches Anschlagen an die Feuerkistenwand verhütet wird. Hier ist nun aber im Gegensatz zu der Ausführung nach Fig. 3 durch erweiterte Durchbrechungen des Flammschirms an der Rohrwandanlagefläche dafür gesorgt, daß die Flamme durch die Zugwirkung möglichst wenig zurückgeworfen wird und gegen die Decke treibt, sondern durch diese Durchbrechungen zum größten Teil in die

Rohre schlägt. Ihre Kraft ist durch den Flammschirm bereits so weit gebrochen, daß ein Abbrennen der Rohrbörtel nicht eintritt. Die Anordnung eines Schamottebelages an der Rohrwand unterhalb des Flammschirmes, wie sie in Band 1 der „Eisenbahntechnik der Gegenwart“ Seite 151 für die Lokomotiven der Arlbergbahn abgebildet ist (Fig. 126 daselbst), hat sich bei der Arlbergbahn als nachteilig erwiesen, da sie Anhäufung von Schlacken unter dem Flammschirm begünstigt, sie wurde bei den hiesigen Versuchsmaschinen nicht erst ausgeführt.

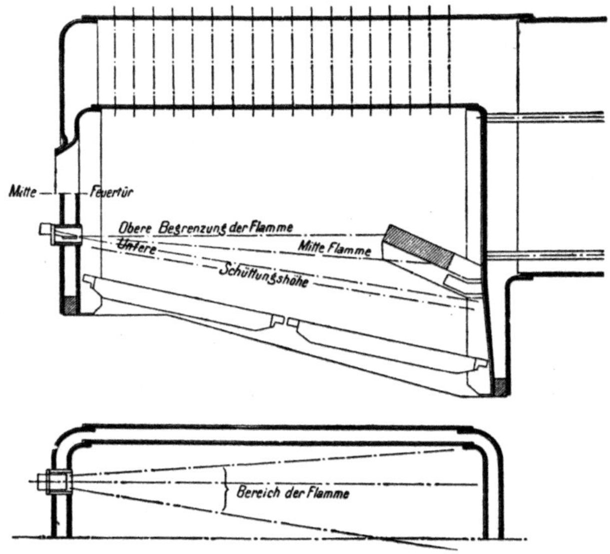

Fig. 6.
Anordnung der Zusatzfeuerung für eine Schnellzuglokomotive.

Diese Anordnung der Brenner in Hülsen der Feuertürwand ist natürlich auch für reine Ölfeuerung möglich und dafür wohl zuerst ausgeführt. Die bekannte russische Feuerung von Urquhart zeigt diese Ausführung, und zwar meist mit einer seitlich sitzenden Hülse mit Brenner, die Ausmauerung geschieht dabei ähnlich wie bei Feuertürbrennern nach Fig. 3. Sie gewährt den Vorteil, durch die Feuertüröffnung Zufuhr sekundärer Verbrennungsluft zu ermöglichen.

Die dritte Anordnungsart ist die in Amerika gebräuchliche Anbringung des Brenners unterhalb der Feuerkistenrückwand nach Fig. 7. Zu dieser Anordnung kam man wohl dadurch, daß für die in Amerika üblichen breiten Feuerkisten breite Flachbrenner mit fächerförmig ausgebildeter Flamme verwendet werden mußten, deren Anbringung in besonderen Hülsen nicht ausführbar war. Sie gewährt den Vorteil, daß durch die tiefe Lage des meist nichtsaugend ausgeführten Brenners stets eine genügende Zulaufhöhe erzielt werden kann, und daß die Flamme diagonale Richtung und damit genügende Längenausdehnung erhält. Dagegen kann die hier dargestellte Ausführungsform nicht als mustergültig bezeichnet werden, da die in $^2/_3$ der Längsausdehnung der Feuerkiste aufgebaute Stützwand des breiten Flammschirms die ungehinderte Längenentwicklung der Flamme beschränkt und sie gegen die Feuerkistendecke zu schlagen zwingt, was wieder die erwähnten Abzehrungserscheinungen zur Folge hat. Die Gefahr ist hier wegen der tiefen Lage des Brenners nicht so groß wie bei der Anordnung 1.

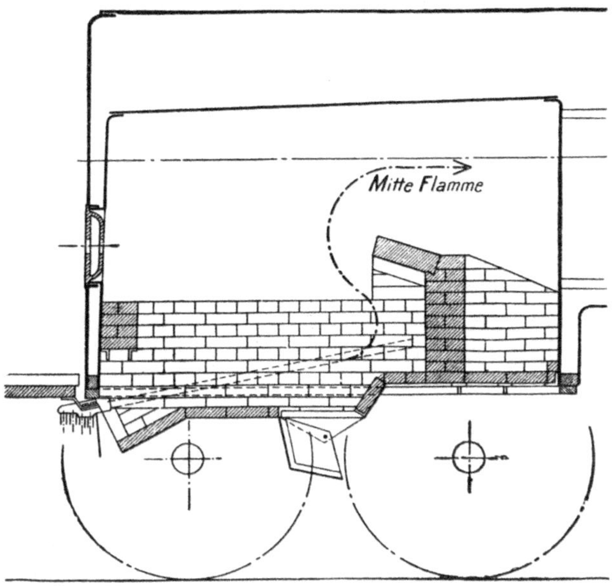

Fig. 7.
Brenneranordnug unterhalb der Feuertürwand.

Beiläufig sei auf die in der Zeichnung angedeutete Anordnung des „Doppelbrenners" aufmerksam gemacht; er besteht aus zwei übereinanderliegenden in einem gemeinsamen Gußstück vereinigten Brennern verschiedener Stärke, die je nach der geforderten Leistung abwechselnd angesetzt werden sollen. Die Bauart ist unnötig verwickelt, mit einem Brenner läßt sich die gleiche Abstufung erreichen.

Bei der durch die gezeichnete Anordnung bewirkten Einschränkung der freien Längenausdehnung der Flamme ist es nicht zu verwundern, wenn die vollkommene Verbrennung gehindert wird und sich in den Rohren nach kurzer Zeit so außergewöhnlich starke Rußmengen ansetzen, daß es die Wärmeübertragung erschwert. In Amerika hilft man sich durch „Sanden". In eine dazu bestimmte Öffnung der Feuerlochverschlußplatte wird ein Horn eingesetzt, durch welches von Zeit zu Zeit feiner Sand eingeschüttet wird, den der starke Zug des Auspuffs durch die Rohre reißt, wobei mittels dieses primitiven „Sandstrahlgebläses“ eine sehr energische Reinigung der Rohre stattfindet.

Zu den bereits erwähnten Schäden an den Deckenankern traten in Amerika bei den flußeisernen Feuerbüchsen Abzehrungen an allen über die Feuerkistenwandfläche hervorragenden Niet- und Stehbolzenköpfen, insbesondere jedoch Abbrennungserscheinungen an der Rohrwand und häufiges Rohrlaufen. Man sah sich daher gezwungen, von der Richtung der Flamme gegen die Rohrwand abzugehen und kam auf die vierte Art der Anordnung, nämlich Anbringung der Brenner unterhalb der Rohrwand nach der Türwand hin feuernd. Jetzt ist die unmittelbare Berührung der Rohrwand durch die heißeste unabgeblendete Flamme vermieden, die Längenausdehnung der Flamme kann wesentlich erhöht werden. Es ist auffallend, daß man diesen Vorteil nicht so weit wie möglich ausnützt, sondern ähnlich wie in der amerikanischen Konstruktion nach Fig. 7 auch bei entgegengesetzt feuerndem Brenner den Schamottekasten, früher Aschkasten, so formt, daß der Brenner nicht unmittelbar unter dem Bodenring sitzt, sondern nach der Feuertür zu um etwa $\frac{1}{2}$ m zurückgeschoben ist. Dadurch tritt wiederum ein starkes Zurückwerfen der Flamme von der unterhalb des Feuerloches aufgebauten Schamottebrücke nach der Rohrwand zu ein, die bei dieser Anordnung eines Flammschirms entbehrt. Es wird also nicht zu verwundern sein, wenn auch bei dieser amerikanischen Ausführung noch die erwähnten Schäden der Feuerkiste zu beklagen sind.

Als Beispiel für diese vierte Anordnungsart ist daher in Fig. 8 das Schema einer reinen Ölfeuerung gegeben, die in Limburg bei einer 2/3 gek. Personenzug-Tenderlokomotive älterer Gattung T_4 versuchsweise ausgeführt worden ist. Hier hatten die ersten Versuche mit Anordnung der Brenner in der Feuertüröffnung und diagonaler Flammenrichtung gezeigt, daß eine derartige Anordnung wegen der außerordentlich beschränkten Länge und großen Tiefe der Feuerbüchse, die aus der Zeichnung ersichtlich ist, keine genügende Längenentwicklung der Flamme ergab, so daß für angestrengten Betrieb keine genügenden Ölmengen rauchlos verfeuert werden konnten. Es wurde daher die Anordnung nach Schema Fig. 8 gewählt, wobei sich die Länge der erzielbaren Flamme noch künstlich dadurch vergrößern ließ, daß man den an die Feuerkiste angehängten mit Schamotte ausgekleideten Verbrennungskasten nach vorn zu etwas verlängerte. Jetzt genügte ein breiter in der Mitte angebrachter Flachbrenner zur Erzeugung ausreichender Leistung. (In Fig. 8 sind noch zwei Brenner angedeutet.) Die Flamme nimmt infolge der Auspuff-Zugwirkung die in der Figur gezeichnete Form an, was sich durch Schauklappen im Feuertürblech genau beobachten läßt. Luftzuführung erfolgt neben dem Brenner sowie durch eine im Boden des Verbrennungskastens angebrachte Öffnung, in der die einströmende Luft durch jalousieartig angeordnete Schamottesteine in schmale Streifen zerlegt und vorgewärmt wird.

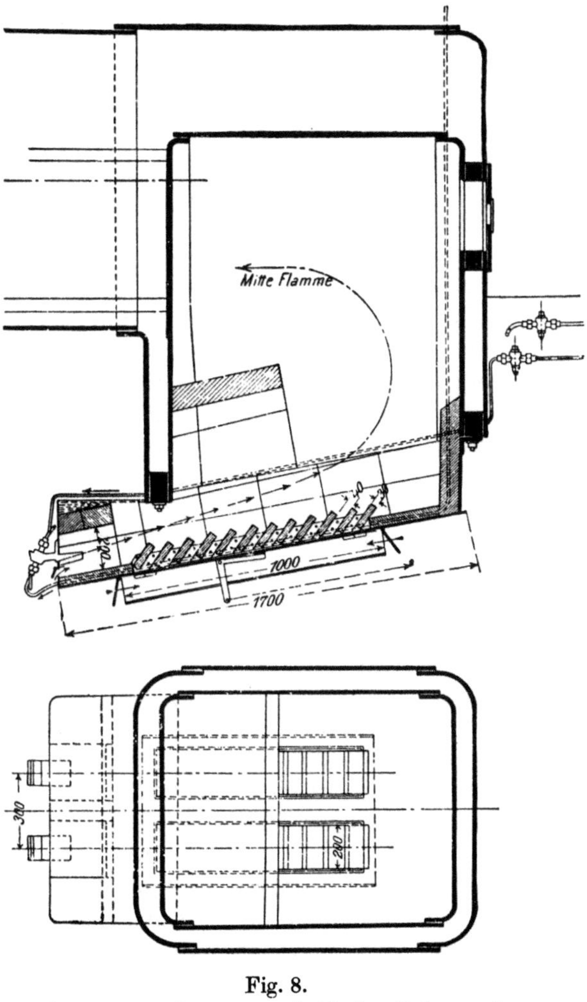

Fig. 8.
Brenneranordnung unterhalb der Rohrwand.

Es ist allgemein bei Feuerungen nicht vorteilhaft, die Menge der Verbrennungsluft in einem breiten Strom einzuführen, durch Anbringung dieser schmalen Luftzuführungsschlitze ahmt man die günstigen Verhältnisse nach, die sich bei Verfeuerung von Kohle auf einem Rost von bestimmter Spaltenweite von selbst ergeben und sich bei jedem Zimmerofen beobachten lassen.

Die Brenner.

Aufgabe der Verfeuerungsorgane, der Brenner, ist es nun gleichfalls, die Bedingungen möglichst nachzuahmen, die bei der Kohlenfeuerung vorliegen. Hier ist die Kohle auf dem Rost in einer Schicht von breiter Fläche aber verhältnismäßig geringer Stärke ausgebreitet, die jedesmal frisch aufgeschüttete Kohle wird durch die darunter- und danebenliegende erhitzt und vergast, die Gase vermischen sich mit der durch die engen Rostspalten düsenartig verteilt zuströmenden und an den unteren Feuerschichten vorgewärmten Luft, und es entsteht eine Reihe nahezu senkrecht nach oben gerichteter nebeneinanderliegender Stichflammen. Ölbrenner der gebräuchlichen Bauarten haben gleichfalls den Zweck, eine Schicht so fein verteilten Brennstoffes über dem glühenden Schamotterost oder dem brennenden Kohlen-Unterfeuer zu schaffen, daß jedes Öltröpfchen allseitig von Verbrennungsluft, die von unten her zur Flamme tritt, umgeben wird. Durch die Eigentümlichkeit der gebräuchlichen Zerstäuber, daß die gesamte Brennstoffmenge aus engen Öffnungen mit großer Geschwindigkeit austritt, entsteht nun eine wagerecht gerichtete Flamme, welcher meist ohne weiteres die zerstörenden Eigenschaften einer „Stichflamme“ zugeschrieben werden. Es ist bereits erwähnt worden, daß diese „Stichflamme“, wie Fig. 4 zeigt, mit wachsender Entfernung von der Brennermündung an Intensität stark verliert und durch die Zugwirkung, bereits sogar vom Hilfsbläser, mühelos abgelenkt wird. Sorgt man nun dafür, daß sie eine gewisse Längenausdehnung gewinnen kann, ehe sie gegen Feuerkistenwände oder Rohrwand schlägt, so werden trotz der höheren Verbrennungstemperatur eigentliche abzehrende Stichflammen-Nebenwirkungen weniger zu erwarten sein wie bei den vielen unmittelbar auf die ungeschützten Feuerkistenwände einwirkenden Stichflammen einer Kohlenfeuerung. Durch welche Gestaltung der Feuerkiste diesen Anforderungen entsprochen werden kann, ist im vorhergehenden gezeigt worden; daneben darf jedoch die Konstruktion der Brenner keineswegs vernachlässigt werden, wie dies in Überschätzung der Wichtigkeit des Verbrennungsraumes vielfach geschehen ist. Die Brenner haben die Aufgabe, den Brennstoff so fein wie irgend möglich zu verstäuben, eine angemessene Luftzuführung zu erzeugen oder zu erleichtern, und der erzeugten Flamme die entsprechende Form und Richtung zu geben. Der Brenner muß ferner eine genügende Leistung haben, d. h. eine ausreichende Ölmenge in der Zeiteinheit verfeuern können, muß sich leicht anbringen und schnell abbauen lassen, nach Leistung und Richtung gut regulierbar sein, sich möglichst wenig verstopfen und etwa eingetretene Verstopfungen schnell beseitigen lassen; ferner muß er mit höchstem Wirkungsgrad, d. h. mit möglichst geringem Energieverbrauch für die verfeuerte Mengeneinheit, arbeiten. Derjenige Brenner ist vorzuziehen, der diese Anforderungen mit einfachster und billigster Form erfüllt.

Die Zahl der verschiedenen Brennerarten, die man zur Erfüllung dieser Anforderungen gebaut hat und auf dem Markte findet, ist Legion. Wie ein Schriftsteller sagt, hat nur noch die selbsttätige Eisenbahnwagenkuppelung den Patentämtern einen ähnlichen Aufwand an Arbeit verursacht wie die Brenner. Es ist daher nur durch eine gewisse Einteilung möglich, einen Überblick zu gewinnen. Dabei sollen zunächst die primitivsten Verbrennungsapparate, die Schalenfeuer, Tropffeuer u. dgl., gänzlich außer Betracht bleiben, sowie ferner die Gasbrenner, bei denen der Brennstoff durch starke Erhitzung in einem retortenähnlichen Gefäß oder Rohr vergast und das Gas entflammt wird. Diese Brenner sind für den Betrieb mit Benzin, Lampenpetroleum und ähnlichen reinen Brennstoffen verwendbar; aus den hier in Rede stehenden Petroleumrestölen und Steinkohlenteerölen setzen sich jedoch bei einem derartigen Verfahren bald koksartige Rückstände ab, die nach kurzer Zeit das Vergasungsrohr verlegen und einen weiteren Betrieb verhindern. Derartige Gasbrenner sind bisher nur für den Betrieb von Dampfwagen mit Lampenpetroleum, Benzin, Spiritus u. dgl. zur Verwendung gekommen. Daß eine zukünftige Vervollkommnung diese Gasbrenner vielleicht auch für Heizöle verwendbar machen kann, soll nicht in Abrede gestellt werden.

Bei den derzeit verwendeten Brennern wird die Verstäubung des Brennstoffes dadurch erzielt, daß man den im Zufluß in einem „Strahl" zusammenhängenden Ölteilchen gleichzeitig hohe Geschwindigkeit sowie von einander abweichende verschiedene Richtungen erteilt. Die Geschwindigkeitserteilung kann entweder in der Weise erfolgen, daß man den Brennstoff selbst unter Druck setzt und diesen Druck durch plötzliche Entlastung in Geschwindigkeit umsetzt, oder die Geschwindigkeit von festen Körpern, Dämpfen oder Gasen auf den flüssigen Brennstoff überträgt. Diese drei Verfahren können dann wieder miteinander kombiniert werden. Der Kürze halber will ich die nach diesen drei Verfahren arbeitenden Brenner nach den hauptsächlich verwendeten Vertretern ihrer Gattungen als Druckbrenner, Turbinenbrenner und Dampfbrenner bezeichnen. Die Erteilung abweichender Richtungen tritt bei der Geschwindigkeitserteilung meist als selbstverständliche Begleiterscheinung ein, häufig ist auch die Konstruktion des Brenners besonders dazu eingerichtet.

Als Hauptvertreter der „Druckbrenner“ nenne ich die Körtingsche Bauart und führe als Anwendungsbeispiel einen in Limburg stationierten, von der Hannoverschen Maschinenbau-Akt.-Ges. gebauten, dreiachsigen Dampftriebwagen an, der für Körtingsche Ölfeuerung ein-

Fig. 9.
Anordnung der Ölfeuerung System Körting. Dampftriebwagen.

gerichtet war. Fig. 9 zeigt die Anordnung der Feuerungseinrichtungen des Wagens mit einem Teil der Frontwand des Kessels, Fig. 10 gibt ein Schema dieser Anordnung. Hier wird das Heizöl durch eine kleine mit Dampf von 6 Atm. betriebene Pumpe aus dem Heizölbehälter angesaugt und mit einem bis 8 Atm. zu steigernden Druck in die Brennerleitung gepreßt. Auf dem Wege von der Pumpe zu den Brennern passiert es zunächst einen in der Fig. 9 links unten ersichtlichen Heizbehälter, in dem es durch Dampfschlange auf etwa 110° C erwärmt werden soll, sodann zwei Drahtgazefilter, die sich abwechselnd ein-

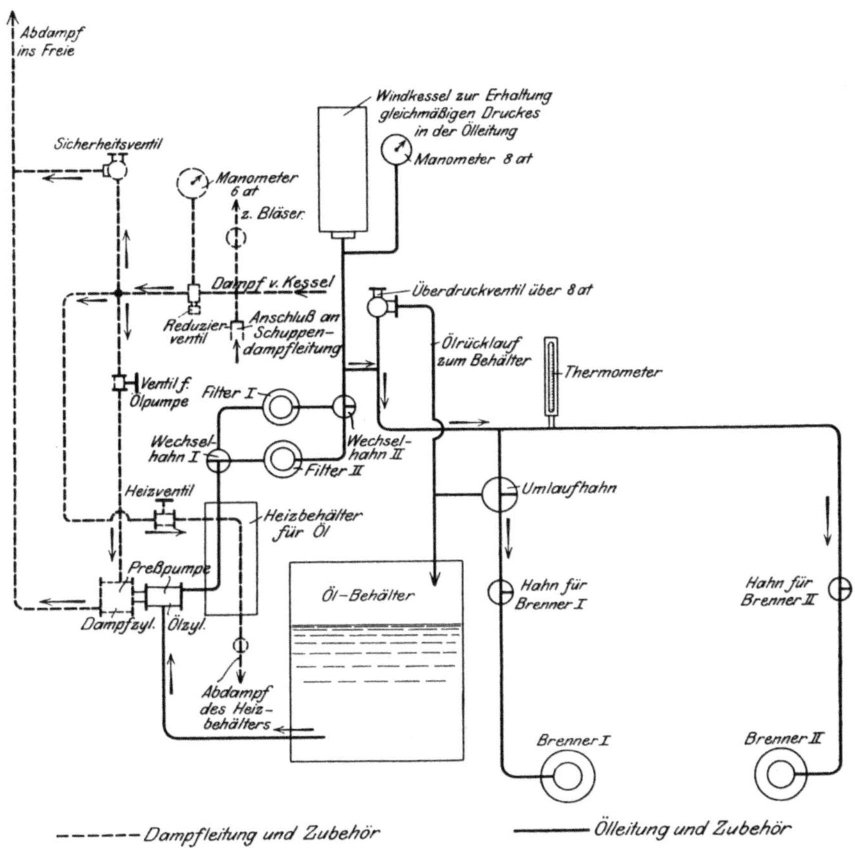

Fig. 10.
Leitungsplan für Körtingsche Ölfeuerung an einem Dampftriebwagen.

und ausschalten lassen, schließlich ein Rückschlagventil, welches verhindert, daß der links oben dargestellte mit Manometer versehene Windkessel mehr als 8 Atm. Druck erhält; es läßt bei Überschreitung dieser Druckgrenze das Öl in den Hauptbehälter zurücktreten. Die zu den Brennern führende Druckleitung enthält einen Hauptabsperrhahn, der bei Umstellung gleichfalls dem unter Druck stehenden Öl einen Weg in den Hauptbehälter freigibt. Im Betriebe stellt man den Haupthahn auf Leitung und führt das Öl durch zwei getrennte Leitungen mit Hahn den beiden Brennern zu. Diese haben im allgemeinen die Form der bekannten Körtingschen Streudüsen: in einem mit sehr feiner konisch zulaufender Öffnung versehenen Gehäuse sitzt ein Stift mit kegelförmiger Spitze, durch dessen Verstellung man den Durchgangsquerschnitt der Austrittsöffnung beliebig einstellen kann. Das in das Brennergehäuse gepreßte Öl wird jedoch gezwungen, den Windungen einer auf dem Stift aufgeschnittenen Spirale zu folgen, und soll dadurch in drehende Bewegung versetzt werden. An der Austrittsöffnung wird es nun plötzlich vom Druck entlastet und tritt mit Zentrifugalbewegung und hoher Geschwindigkeit aus, wodurch es fein zerstäubt und mit Luft in innige Berührung gebracht wird. Fig. 11, die dem später zu erwähnenden Werke von Melville entnommen ist, veranschaulicht die Bildung des Ölstaubstrahls. Man sieht, daß dieser Brenner auf einer Vereinigung der Druckzerstäubung mit der Zentrifugalzerstäubung beruht, die hier durch Relativbewegung des Öls gegen die feststehende Schraubenspindel hervorgebracht wird, jedoch wegen der geringen Geschwindigkeit, mit der das Öl die Schraubengänge durchfließt, gegenüber der Wirkung der Druckentlastung jedenfalls stark zurücktritt. Durch die anfängliche Vorheizung tritt das Öl überhitzt aus dem Brenner aus, auch dieser Überhitzung wird ein Einfluß auf die Zerstäubung zugeschrieben, jedenfalls ist sie für die Anfangstemperatur der Flamme von Bedeutung.

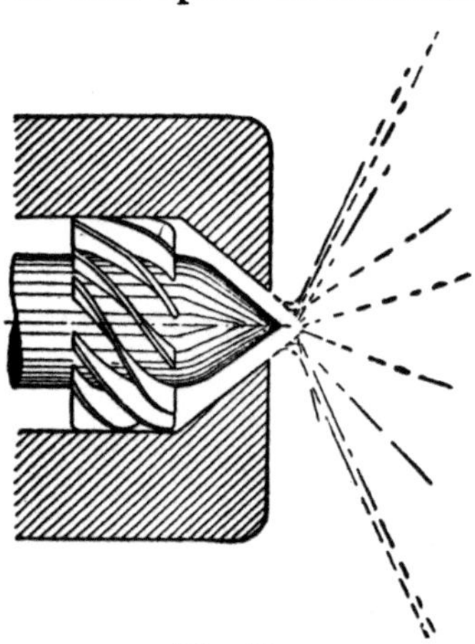

Fig. 11.
Brenner-Streudüse System Körting.
Schema der Zerstäubung.

Die Körtingsche Druckfeuerung ist gut durchdacht, die Brenner ergeben auch beim Feuern an freier Luft eine schöne kegelförmige, verhältnismäßig kurze und bei niedrigem Druck nur wenig Geräusch erzeugende Flamme und lassen für die Anwendung gute Ergebnisse erwarten. Die Regulierung ist sehr einfach, da sich durch ein einziges Ventil, das Dampfventil für die Ölpumpe, durch schnelleren oder langsameren Lauf der Brennerdruck und damit die Ölfördermenge und Brennerleistung leicht und schnell regeln läßt, die Einstellbarkeit liegt bei den hier verwendeten Brennern etwa zwischen 20 und 90 l/Std., ist also bedeutend. Bei der Verwendung für Lokomotiven und Eisenbahnfahrzeuge treten jedoch, wie außer den Beobachtungen der Rumänischen Staatsbahnen auch die in Limburg an dem Dampftriebwagen gemachten Erfahrungen zeigten, gewisse Schwierigkeiten auf, die teilweise durch Abänderungen der Bauart beseitigt werden können. Der Kessel des Dampfwagens ist aus Rohrplatten, Bauart Stoltz, zusammengesetzt; der ganz mit Schamotte ausgemauerte Feuerungsraum unter dem Plattenkessel ist aus Konstruktionsrücksichten etwas klein gehalten. Die Flamme, welcher unmittelbar um den Brenner sowie außerdem durch einen Ringschieber Verbrennungsluft zugeführt wird, ist infolge der Vorerhitzung des Öls und infolge Fehlens eines viel Wärme absorbierenden, also ‚kühlenden' Kraftmittels, wie es im Dampf bei den Dampfbrennern vorhanden ist, außerordentlich heiß. Diese Eigenschaft, die für Schmelzöfen aller Art und für Feuerungen mit genügend großem Verbrennungsraum sehr wertvoll ist, erweist sich bei dem hier vorhandenen kleinen Feuerraum als unerwünscht, da die Schamotte der Ausmauerung sowie die Eisenteile des Kessels, Feuergeschränks usw. stark angegriffen und bald abgezehrt werden. Ferner tritt der Übelstand auf, daß sich vor den Brennern verkokte Ölreste schichtenweise ablagern und die Entwicklung der Flamme hindern. Auch dieser Übelstand läßt sich bei richtig bemessener Schamotteausmauerung vollständig vermeiden, wie die vielen mit Körtingschen Druckbrennern ausgeführten Feuerungen beweisen, im vorliegenden Falle war aber wegen der beschränkten Verhältnisse des Feuerraums Abhilfe schwierig. Man ersieht daraus, daß man nicht wahllos eine beliebige Ölfeuerungsart für alle Arten von Kesseln verwenden darf, sondern vor allem auch die Wahl des Brennersystems nach den besonderen Verhältnissen der Feuerung und des Feuerraums treffen muß, um nicht Fehlschläge zu erleben, die dann häufig zu einer summarischen Verurteilung des ganzen Systems fälschlich Anlaß geben. Die Körtingsche Druckfeuerung ist insbesondere für Schiffskessel, bei denen Vermeidung jeglicher Wasserverluste von hohem Wert ist, fast unersetzlich und auf vielen Dampfern der Kriegs- und Handelsmarinen im Betrieb. Bei dem in Limburg stationierten Dampftriebwagen wurden schließlich Dampfbrenner, ähnlich der bei den Lokomotiven verwendeten später zu erwähnenden Bauart eingebaut, zunächst noch in etwas provisorischer Form, indem die Teile der alten Feuerung möglichst benutzt wurden. Mit dieser neuen Feuerung arbeitet der Wagen zufriedenstellend. Fig. 12 zeigt die vorläufige Einrichtung. Von den mit dieser neuen Feuerung erzielten Betriebsergebnissen wird noch ausführlich die Rede sein.

Der Turbinenbrenner soll hier nur kurz erwähnt werden, da er, soweit bekannt, aus dem Stadium des Versuchs bisher kaum zur praktischen Anwendung gelangt ist. Das Prinzip geht aus der gleichfalls bei Melville gegebenen Fig. 13 hervor. Wie ersichtlich, ist auf ein kleines De Laval-Turbinenrad eine Scheibe aufgesetzt, welche

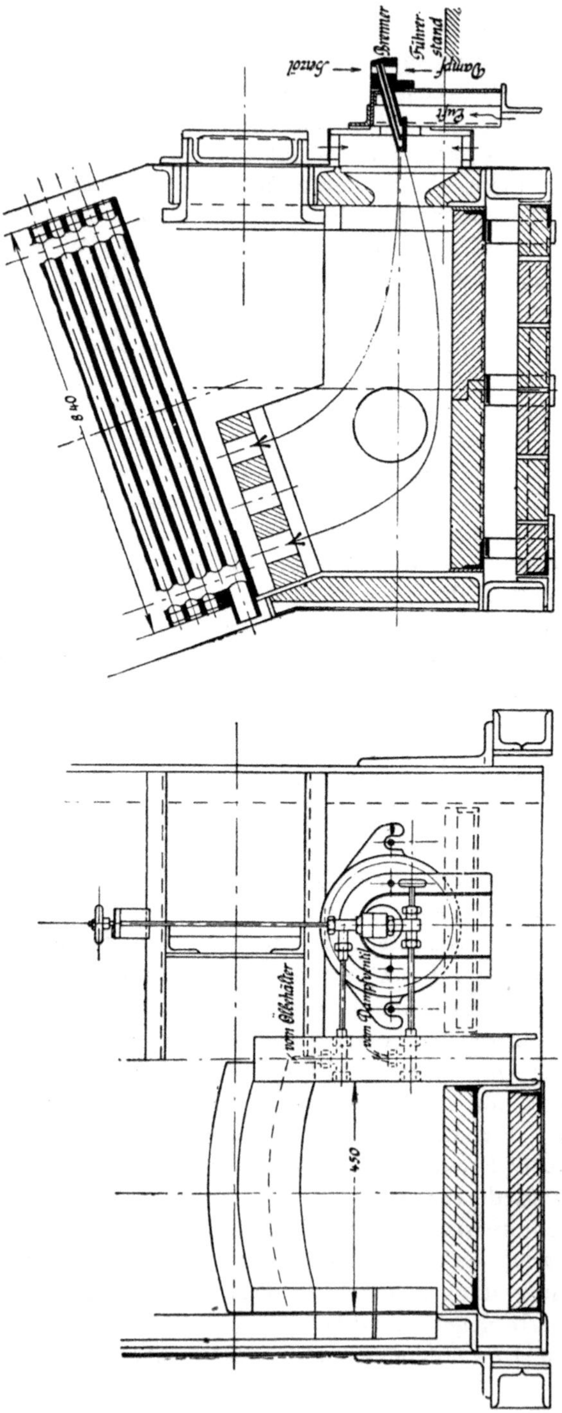

Fig. 12.
Anordnung der Ölfeuerung (vorläufige Ausführung) für Dampfwagen mit Stoltz-Rohrplattenkessel. 100 PS. 60 km/Std.

mit dem Turbinenrad in schnelle Umdrehung versetzt wird, wahrend das Öl von der Achse her zufließt. Bei gleichmäßiger Zuführung wird das Öl durch die Schleuderkraft in Form einer Ringscheibe ausgebreitet und erzeugt eine scheibenförmige flache Flamme. Stellt man sich den innerhalb des Flammengürtels rotierenden Brenner vor, und kennt man die außerordentlich starke strahlende Wärme, welche derartige

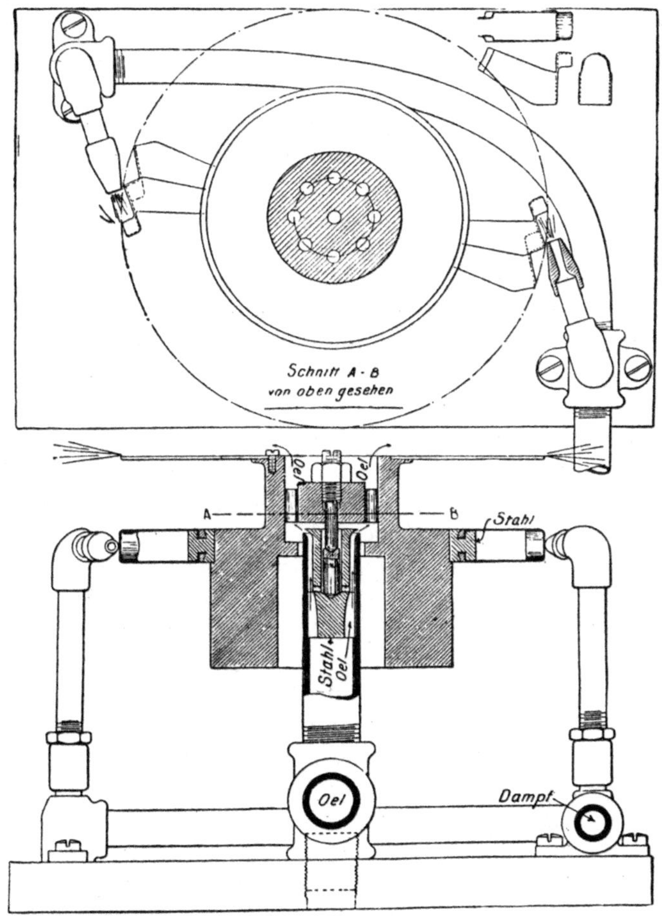

Fig. 13.
Turbinenbrenner.

Flammen verbreiten, so ist es ohne weiteres klar, daß mit solchem Brenner in der vorliegenden oder einer ähnlichen Form von einem ungestörten Arbeiten nicht die Rede sein kann. Tatsächlich verbrannte der Brenner bei den Versuchen nach kurzer Zeit. Trotzdem wird dieser Verstäubungsart in der genannten Quelle besondere Bedeutung zugeschrieben, und zwar wegen des hohen Wirkungsgrades, mit dem hier die Bewegungsenergie in Zerstäubungsenergie umgesetzt wird. Die Berechnung geht von der Annahme aus, daß die durchschnittliche Größe der als Kugeln angenommenen Tröpfchen zerstäubten Öls $\sim$ 2,5 Tausendstel Millimeter betrage. (Als Durchmesser der den Auspuffdampf einer Niederdruckmaschine bildenden Wassertröpfchen wird rd. 0,006 mm, für Wassertropfen in Nebelwolken 0,009—0,02 mm angegeben.) Diese Größe dürfte jedoch zu niedrig angenommen sein, und der Durchmesser der Öltröpfchen wird auch bei bester Zerstäubung kaum weniger als $^1/_{100}$ mm betragen. Eine Aufklärung dieser Frage durch genaue Versuche bei verschiedenen Verstäubungsarten wäre sehr erwünscht.

Die nach dem dritten Verfahren mit Dampf oder auch mit Luft als Zerstäubungsmittel arbeitenden Brenner haben wegen ihrer einfachen Anwendung die größte Verbreitung erlangt. Sie treten in einer derartigen Mannigfaltigkeit der Erscheinungsformen auf. daß eine gewisse Einteilung zur Übersicht notwendig erscheint. Zu dem bereits mehrfach erwähnten Bericht über die unter Leitung des Kontreadmirals Melville bei der amerikanischen Marine angestellten Versuche mit Ölfeuerungen verschiedener Bauart [1]), der wohl die umfangreichste und eingehendste, mit zahlreichen Versuchstabellen belegte Veröffentlichung über die Ergebnisse verschiedenartiger Ölfeuerungssysteme — allerdings mehr vom Standpunkt des Marineingenieurs wie des Feuerungstechnikers betrachtet — bietet, ist versucht worden, eine solche Systematik der Dampfbrenner aufzustellen, deren Grundzüge ich hier wiedergeben will, da der Originalbericht wohl nicht allgemein bekannt ist.

Als Grundformen sind die in Fig. 14 schematisch dargestellten mit I bis V bezeichneten fünf Ausführungsarten gewählt, die sich in bezug auf Lage und Form der Dampf- und Ölmündungen unterscheiden. Bei Form I tritt der Dampfstrahl frei aus, ohne die Ölmündung zu berühren, eine Saugwirkung findet daher nicht statt, dagegen ist die Zerstäubung ausgezeichnet, da sämtliches Öl in den Dampfstrahl tropft und von ihm mitgerissen werden muß, solange eine bestimmte Ölzuflußmenge nicht überschritten wird. Bei Form II, die sich (meist in umgekehrter Anordnung) bei den als Blumenspritzen, Inhalationsapparate u. dgl. dienenden, gemeinhin als „Zerstäuber" bezeichneten Apparaten findet, überdeckt der Dampfstrahl die Ölmündung, übt

---

[1]) Report of the U. S. Naval „Liquid Fuel" Board usw., made under the direction of Rear-Admiral George W. Melville. Washington, Government Printing Office, 1904.

also saugende Wirkung aus. In dem „Kammerbrenner“ nach Form III wird, falls der Dampfstrahl den Querschnitt der Kammer ausfüllt, eine schwache Saugwirkung vorhanden sein; das bereits zerstäubte Öl wird unter Dampfdruck durch die vordere Öffnung der Kammer herausgeschleudert, es sind dabei Anstände infolge Rückdrucks auf das zufließende Öl und infolge Herabtropfens unzerstäubten Öls an der

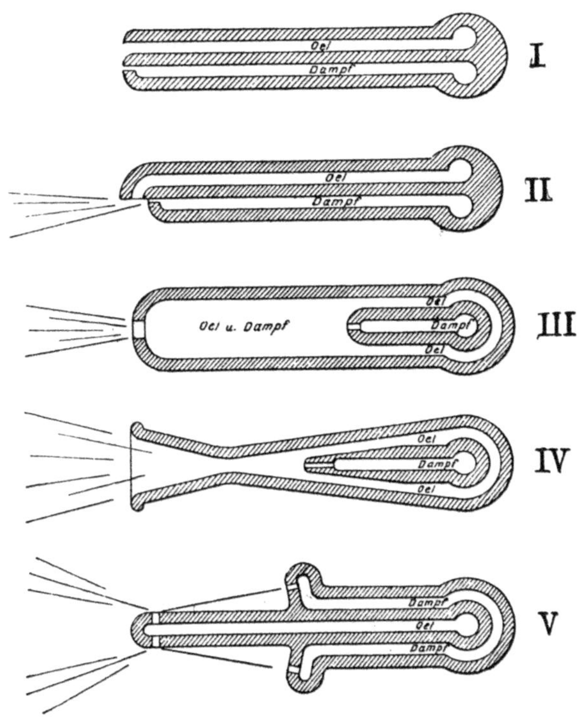

Fig. 14.
Schematische Darsrellung der 5 Grundbauarten von Dampfbrennern. (Melville.)
I Tropfbrenner. II Saugbrenner. III Kammerbrenner. IV Injektorbrenner.
V Wurfbrenner.

Kammermündung kaum zu vermeiden. Am häufigsten wird die Form des Injektorbrenners, Nr. IV, angewandt, der natürlich durch die Ausführung der Mündungsdüsen eine vorzügliche Saugwirkung ergibt; die Güte der Zerstäubung hängt sehr wesentlich von der Regelung des Ölzuflusses ab, der so gedrosselt sein muß, daß der größte Teil des Öls von oben her in den Dampfstrahl gelangt und unmittelbar an der Mündung der Dampfdüse von dem Dampfstrahl gepackt wird. Form V (Wurfbrenner) findet sich häufig an Injektorbrennern zur Verbesserung der Zerstäubung, das Auftreffen des Dampfstrahles auf die Öldüse bedingt einen schnellen Verschleiß.

Jede dieser fünf Grundformen ergibt nun vier Variationen, entsprechend der Mündungsform. Diese kann als runde Bohrung, als flacher Schlitz, als Kreisring in wagerechter Lage und als Kreisring in senkrechter Lage ausgebildet sein, dementsprechend hat die Flamme des Brenners runde, flache, fächerförmige und ringförmig-konzentrische Gestalt. Fig. 15 zeigt die vier Abwandlungen der Grundform I, die mit A, B, C und D bezeichnet sind, Fig. 16 die gleichen Abwandlungen der Grundform II. Es können also von den fünf Grundformen zusammen 20 Umwandlungen verschiedener Art gebildet werden, außerdem sind noch Kombinationen möglich.

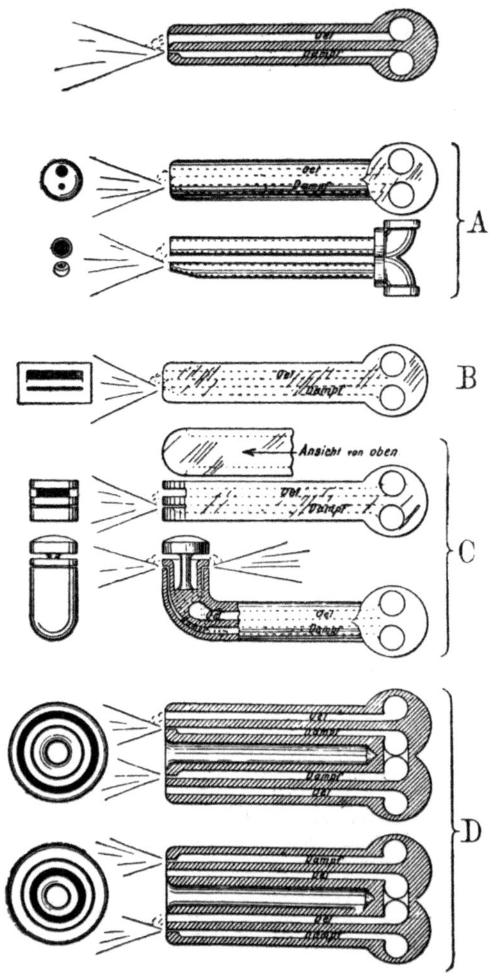

Fig. 15.
Ausbildung der Grundbauart I mit verschiedenen Mündungsformen.

Selbstverständlich sind nicht alle diese theoretisch möglichen Variationen praktisch verwendbar, z. B. würde ein Konstrukteur mit einer Brennerausführung nach der Ausbildungsform D der Grundbauart I (s. Fig. 15, D, Dampf- u. Ölkanal konzentrisch, innen Dampf, außen Öl) eine schwere Enttäuschung erleben. Bei dieser Anordnung würde nämlich der größte Teil des Öls dem unteren Teil der kreisringförmigen Ölaustrittsöffnung zuströmen und dort in Tropfen herausfließen, ohne überhaupt von dem Dampfstrahl, der hier keine saugende Wirkung ausübt, erfaßt zu werden. Eine bessere Wirkung ist dagegen von einer Ausführung zu erwarten, bei welcher von den konzentrischen Mündungen die für Öl innen, die für Dampf außen angeordnet ist.

Ebenso lassen sich auch die in der Praxis verwendeten Lokomotivbrenner nicht sämtlich einer der vorgenannten Gruppen mit Sicherheit zuweisen. Es geht dies aus den Einzelbeispielen ausgeführter Lokomotivbrenner hervor, die jetzt als Typen der am meisten verwendeten Brennerarten behandelt werden sollen. Zunächst sei ein sehr einfacher rohrförmiger Brenner nach Fig. 17 erwähnt, der in Limburg für die ersten Versuche an Güterzuglokomotiven verwendet wurde. Er besteht aus einem inneren Dampfrohr und einem dieses umgebenden Ölrohr. Das zufließende Öl wird an den Wänden des langen Dampfrohrs gut vorgewärmt, tritt durch eine Anzahl enger Drosselöffnungen in die Mündungskammer und wird dort von dem Dampfstrahl erfaßt und in zerstäubtem Zustande durch die Austrittsöffnung getrieben; der Dampfstrahl tritt entweder durch einige nebeneinanderliegende Bohrungen oder besser durch einen engen Schlitz aus, der zwischen zwei halbkreisförmigen vor die Mündung des Dampfrohres geschraubten Platten ausgespart ist. Man kann diesen Brenner als eine Zwischenart des Kammerbrenners und des Injektorbrenners, Grundform III und IV der Übersicht nach Fig. 14, und zwar mit Flachschlitz nach Abwandlung B bezeichnen; er hat den grundsätzlichen Mangel, daß stets, auch nach dem Abstellen der Ölzufuhr, eine gewisse Menge Öl im unteren Teil des Rohrs stehen bleibt und dort Verkokungen bilden kann. Brenner dieser Art müssen häufig gereinigt werden.

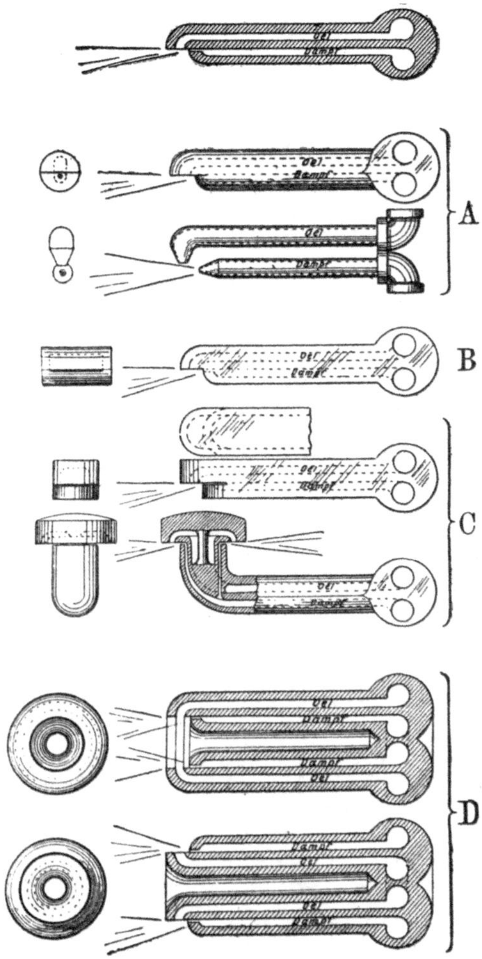

Fig. 16.
Ausbildung der Grundbauart II mit verschiedenen Mündungsformen.

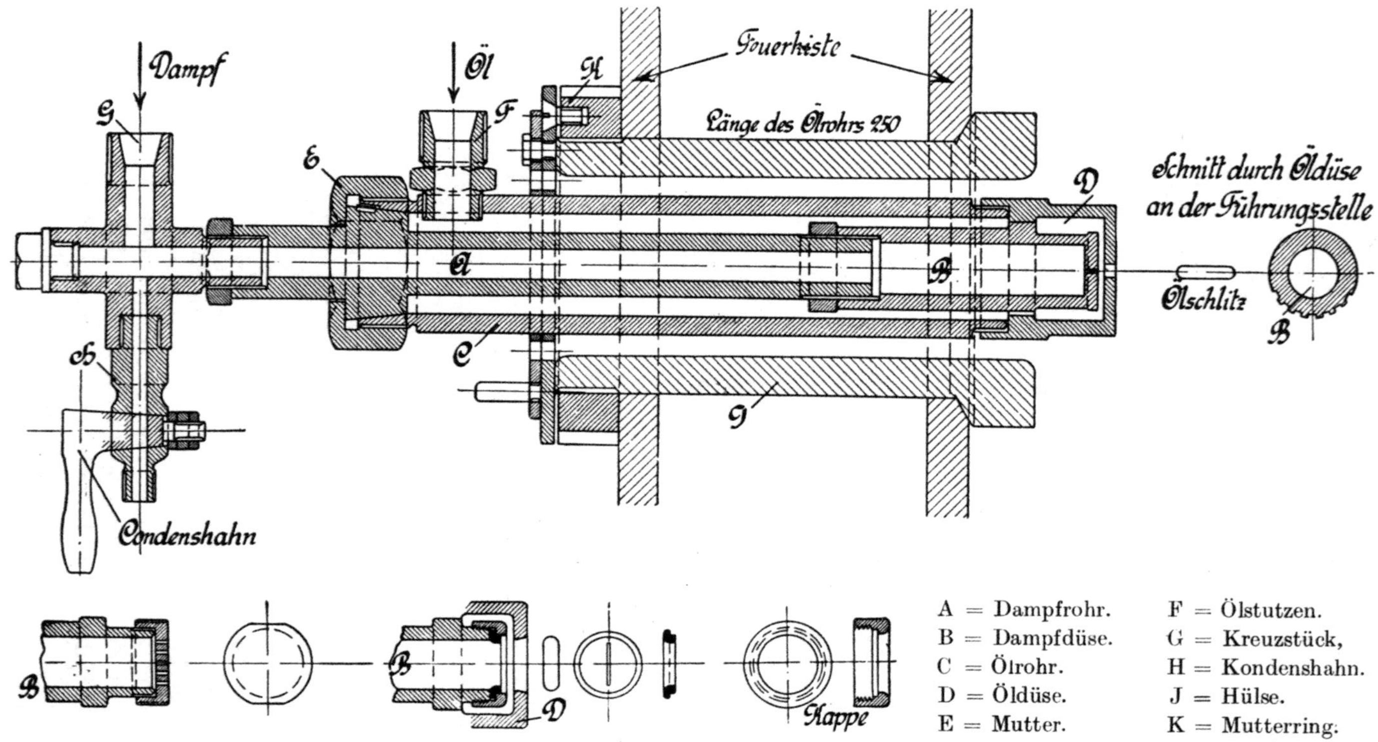

A = Dampfrohr.
B = Dampfdüse.
C = Ölrohr.
D = Öldüse.
E = Mutter.

F = Ölstutzen.
G = Kreuzstück,
H = Kondenshahn.
J = Hülse.
K = Mutterring.

Abänderung I
Dampfdüse mit abnehmbarer Dampfaustrittskappe.

Abänderung II.
Dampfdüse mit auswechselbarer Schlitzscheibe.

Rohrbrenner.

Fig. 17.
Teerölfeuerung für Lokomotiven.
(Zusatzfeuerung).

Der gleiche Nachteil haftet dem ebenfalls rohrförmigen Brenner Bauart Holden nach Fig. 18 an, der vielfach verwendet wird, und bereits bei Erwähnung der Zusatzfeuerung im Arlbergtunnel genannt wurde. Über das innere Luftrohr mit Absperrkugel ist die Dampfdüse

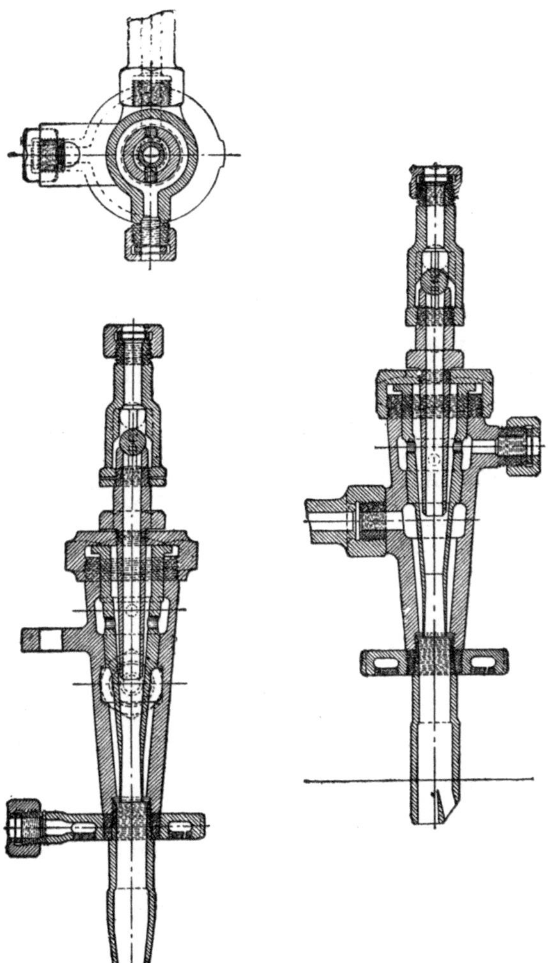

Fig. 18. Brenner. Bauart Holden.

geschoben, die in das Ölrohr hineinragt. Der aus einem ringförmigen Schlitz austretende Dampf saugt zunächst Luft an, dieses Dampf-Luftgemisch strömt durch eine De Laval-Düse aus, um Öl anzusaugen und an den Rändern der Öldüse zu zerstäuben. Die Brennermündung ist so ausgebildet, daß sich zwei Flammenbündel bilden, das eine geradeaus, das andere schräg gerichtet, um sich mit der schrägen Flamme des zweiten Brenners zu überschneiden. Ein vorn aufgeschobener Ring mit besonderer Dampfzuführung entsendet Dampfstrahlen nach der Brennermündung, wodurch die Verstäubung und Luftzuführung verbessert werden soll. Wir haben es somit mit einer Vereinigung von Grundform IV — Injektorbrenner — mit Grundform V — Projektorbrenner — zu tun, Mündungsform D.

Daß es nicht ohne weiteres angängig ist, die in der Literatur angegebenen Brennerformen praktisch zu verwenden, zeigt das Beispiel des Brenners nach Fig. 19, die einem Aufsatz von Baltzer, über Ölfeuerung bei japanischen Lokomotiven, entnommen ist. (Zentralblatt der Bauverwaltung 1902, S. 402.) Nach der Quelle ist durch Zusatzfeuerung unter Verwendung dieser Brennerbauart auf der japanischen Usuipaßbahn die außerordentlich starke Rauchplage beseitigt worden. Da es sich um eine Zahnradstrecke mit Steigung 1 : 15 handelt, auf der 26 Tunnel von insgesamt 4,45 km Länge, der längste davon 546 m lang, vorhanden sind, so muß bei Kohlenfeuerung der Aufenthalt auf der Lokomotive, die bei ungünstigen Witterungsverhältnissen mit

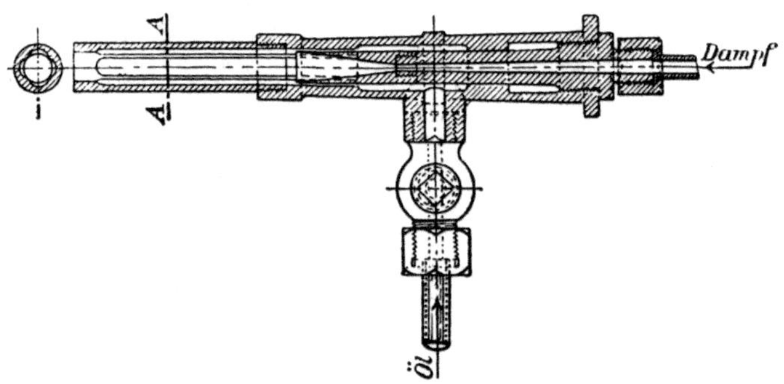

Fig. 19.
Brenner Japanischer Lokomotiven.

ihrer geringen Fahrgeschwindigkeit von 8 km von den hochsteigenden Rauchmassen bald eingeholt wurde, unerträglich gewesen sein, und es läßt sich wohl begreifen, daß sogar einzelne Führer oder Heizer bewußtlos wurden. Nach der Zeichnung konnte nicht angenommen werden, daß eine so stark erweiterte Dampfdüse eine ausreichende Verstäubung des Öls zu erzielen imstande sei, ein genau nach der Zeichnung probeweise hergestellter Brenner ergab tatsächlich sehr schlechte Zerstäubung und keine rauchfreie Flamme. Wahrscheinlich handelt es sich um einen Versuchsapparat, der durch spätere, für die Praxis besser verwendbare Brenner überholt worden ist.

Bei den bisher beschriebenen Brennerbauarten erfolgt die Regelung der Öl- und Dampfzuführung vor dem Brenner. Durch Anordnung der Regel- und Abstellorgane innerhalb des Brenners, d. h. durch Verstellbarkeit des Querschnittes für den Öl- und Dampfaustritt ist es möglich, den Brenner selbst den veränderlichen Leistungen anzupassen, vor allem hat diese Art der Regelung den Vorteil, daß beim Abstellen des Brenners das „Nachlaufen“ der in der Leitung vom Regler bis zur Brennermündung befindlichen Ölmengen vermieden wird. Man kann diese beiden Regelungsverfahren in gewisser Hinsicht mit der Leistungsregelung von Dampflokomotiven durch den Regulator und die Steuerung vergleichen. Auch hier wird die Regelung verschieden gehandhabt. Während der eine Führer den Regulator nur knapp

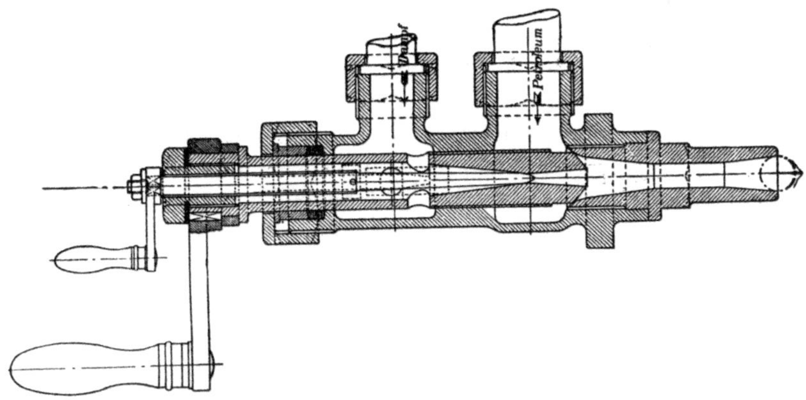

Fig. 20.
Brenner. Bauart Dragu.

öffnet und fortwährend an der Steuerung arbeitet, läßt der andere die Steuerung möglichst auf einem normalen Füllungsgrade stehen und regelt die Leistung am Regulator. Man wird finden, daß dieses letztere Verfahren bessere Ergebnisse liefert Ebenso hat die Regelbarkeit der Austrittsöffnungen im Brenner keine so ausschlaggebende Bedeutung, wie es auf den ersten Blick scheint, doch wird man in jedem Falle gut tun, die Ölregelung möglichst kurz vor dem Brenner anzuordnen, da die allerdings geringen Mengen nachlaufenden Öls nach dem Abstellen mit unangenehmem Puffen zur Verbrennung kommen. Die Düsenregulierung im Brenner führt zu etwas verwickelten Brennerbauarten mit Stopfbuchsen und Dichtungen, die man an diesen Organen gern vermeidet, man findet sie jedoch bei einigen älteren Brennern mit Vorliebe verwendet, beispielsweise hat der bei russischen Lokomotiven fast ausschließlich gebrauchte „Urquhart-Brenner“ verstellbare Öldüse. Fig. 20 zeigt den von den Rumänischen Staatsbahnen bei dem größten Teil ihrer Lokomotiven eingebauten Brenner, der eine vorzüglich durchdachte Weiterbildung des Urquhartbrenners darstellt und von Prof. Th. Dragu, dem Leiter des Werkstätten- und Betriebsdienstes bei der Generaldirektion der Rumänischen Staatsbahnen zu Bukarest, konstruiert ist. Die Figur ist ebenso wie einige andere einer dem internationalen Petroleumkongreß in Bukarest September 1907 vorgelegten Abhandlung von Prof. Th. Dragu [1]) entnommen, die ich der Freundlichkeit des Verfassers verdanke. Bei dem Dragu-Brenner ist nicht nur der Austrittsquerschnitt der Öldüse, sondern auch der Dampfdüse innerhalb des Brenners regelbar, die letztere mittels eines nadelförmigen Stiftes, der durch Drehen einer kleinen Kurbel vorwärts oder zurückgeschraubt werden kann und dadurch den Dampfaustrittsquerschnitt, der hier 6 mm Durchmesser hat, mehr oder weniger versperrt. Das Gewinde ist sehr lang, um möglichst dicht zu halten. Das die Dampfdüse enthaltende Rohr wird gleichfalls mit einer Kurbel vor- und zurück geschraubt. Die Dampfdüse ist nun genau nach den für De Laval-Düsen geltenden Gesetzen nach außen hin konisch erweitert. Wird der Querschnitt S an der engsten Stelle der Dampfdüse mit 6 mm Durchmesser angenommen und beträgt der Dampfdruck p' an der engsten Stelle 12 Atm., an der Austrittsöffnung p = 1,2 Atm., so berechnet Dragu den Querschnitt S_k an der Austrittsstelle nach der De Lavalschen Formel

$$\frac{S}{S_k} = \frac{0{,}1550}{\sqrt{\left(\frac{p}{p'}\right)^{\frac{2}{\mu}} - \left(\frac{p}{p'}\right)^{\frac{\mu+1}{\mu}}}}$$

mit $\mu = 1{,}135$ (für gesättigten Dampf).

Daraus ergibt sich für den Durchmesser an der Austrittsstelle der Wert d = 10 mm, gewählt ist d = 11 mm für eine Düsenlänge von 29 mm. Der mit dieser Düsenform erzielbare Gewinn an Austrittsgeschwindigkeit und damit an Bewegungsenergie des Zerstäuberdampfes geht aus folgender Tabelle hervor:

	Dampfdruck vor der Düse					
	p' = 10 at			p' = 12 at		
Dampfdruck p an der Austrittsstelle at . .	1,8	1,5	1,2	1,8	1,5	1,2
Austrittsgeschwindigkeit V in m/sec	774	810	851	795	848	891

[1]) Description des installations et des appareils en usage aux chemins de fer de l'Etat Roumain pour l'emploi des résidus de pétrole au chauffage des locomotives.

Mémoire par Th. Dragu, Bucarest 1907.

In Wirklichkeit ist nach Dragu die Geschwindigkeit um etwa 5 % geringer als diese theoretische Maximalgeschwindigkeit. Da sich bei einer gewöhnlichen nicht erweiterten Dampfdüse die Dampfgeschwindigkeit für $p' = 10$ at und $p = 1{,}5$ at zu 451 m/sec berechnet, so beträgt die kinetische Energie bei der Düse des Dragu-Brenners das $\left(\frac{810}{451}\right)^2 = 3{,}2$ fache, d. h. es wird höhere Zerstäubung und Dampfersparnis erzielt. Im praktischen Betriebe der Rumänischen Staatsbahnen hat sich der Dragu-Brenner sowohl für Zusatzfeuerung wie für reine Ölfeuerung, bei der nach Fig. 3 ein Brenner in der Feuertüröffnung angeordnet ist, gut bewährt, die damit ausgerüsteten Lokomotiven erzeugen sogar auf der starken Steigung 1: 40 der Strecke Bukarest—Sinaia—Prédéal genügend Dampf ohne Rauchentwicklung. Etwaige Verlegungen können durch Zurückdrehen der Öldüse leicht beseitigt werden.

Wie aus dem Vergleich mit Grundform IV auf Fig. 14 hervorgeht, hat dieser Brenner reine Ejektorbauart mit runder Bohrung und daher mit allen derartigen Ejektorbrennern den Nachteil gemeinsam, ein außerordentlich starkes zischendes Geräusch zu verursachen, das unter dem bei der Fahrt auf der Lokomotive auftretenden sonstigen Lärm allerdings fast verschwindet, auf den Stationen aber, solange der Brenner in Tätigkeit bleibt, störend auftritt. Manchem Reisenden wird, besonders im Schlafwagen, das Puffen und Heulen des Brenners bei längeren Aufenthalten sehr unangenehm bemerkbar geworden sein. Man hat daher der Ausbildung von Flachschlitzbrennern, welche erfahrungsgemäß weniger Geräusch verursachen, stets besondere Aufmerksamkeit geschenkt, um so mehr, als diese Brennergattung noch andere Betriebsvorteile bietet. Als Beispiel für einen gut durchgebildeten und im Betriebe bereits viel verwendeten Brenner sei die Bauart G. C. Cosmovici (Fig. 21) genannt, mit der eine Anzahl Lokomotiven und ortfeste Kessel der Rumänischen Staatsbahnen sowie Kessel der großen Petroleumraffinerieen von Câmpina (Rumänien) ausgerüstet sind. Der Vergleich mit Fig. 14 und 16 zeigt, daß es sich um Grundform II, Abwandlung C handelt, da durch die kreissegmentförmige Anordnung des Brennermauls eine fächerförmige Ausbreitung der Flamme erzielt wird, so daß die Flamme fast die ganze Grundfläche der Feuerkiste überdeckt. Um nun der Verbrennungsluft möglichst allseitigen Zutritt zu gestatten und so auf Verringerung des nutzlos zu erwärmenden Luftüberschusses hinzuwirken, ist der breite Ölkanal in eine Anzahl, hier sechs, nebeneinanderherlaufender schmaler Ölkanälchen aufgelöst und damit die breite Fächerflamme sechsfach unterteilt, der Ölzufluß zu den einzelnen Austrittsöffnungen läßt sich durch verstellbare konische Bolzen genau einstellen. Die Dampfdüse

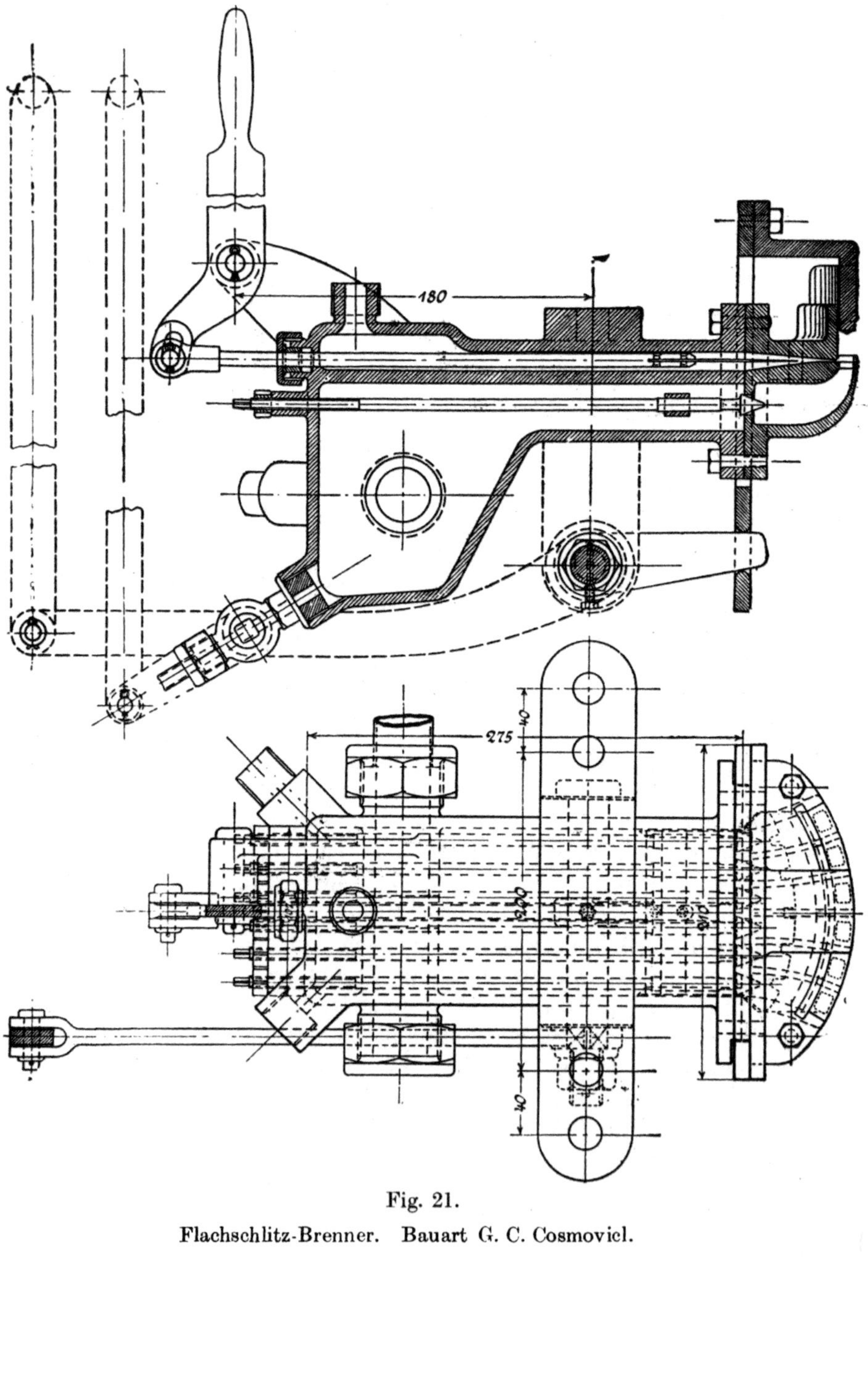

Fig. 21.

Flachschlitz-Brenner. Bauart G. C. Cosmovici.

hat einen 106 mm langen Austrittsschlitz von nur 0,8 mm Weite. Zur Beseitigung einer Verstopfung dieses Schlitzes durch Kesselsteinteilchen und dergleichen dient ein im Dampfkanal angeordnetes bewegliches Messer, das durch einen Handgriff vorgeschoben und wieder zurückgezogen werden kann. Auch die sechs Ölaustrittsöffnungen werden durch eine verschiebbare Klaue mit sechs Fingern gereinigt, sobald sie durch koksartige Rückstände von nicht völlig verbranntem Öl verlegt sind. Die Ölkammer des Brenners erweitert sich zu einem Wassersack, aus dem das sich unten absetzende Wasser durch Öffnen eines Hahnes abgelassen werden kann; es sei bemerkt, daß für Teeröl, das schwerer als Wasser ist, diese Anordnung zwecklos wäre.

Wie aus der Beschreibung und Abbildung hervorgeht, sind hier tatsächlich mit bewundernswürdiger Einsicht in den praktischen Verbrennungsvorgang alle im Betriebe vorkommenden Störungen berücksichtigt und Gegenvorkehrungen vorgesehen. Durch die genaue Einstellbarkeit wird sogar erreicht, daß der Brenner mit kleiner Flamme

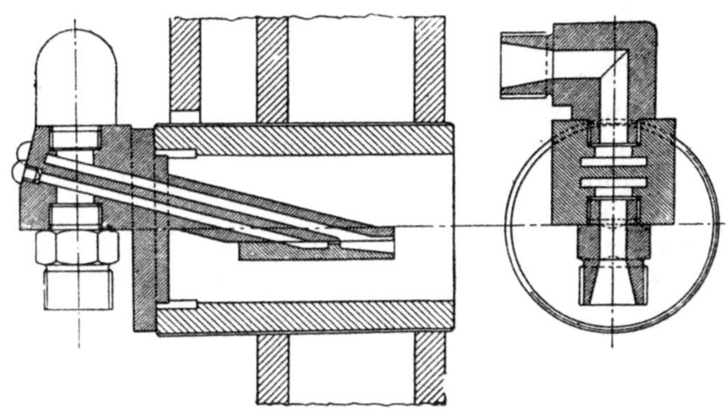

Fig. 22.
Brenner der Versuchslokomotiven.

auch ohne Anstellen des Bläsers im Betriebe gehalten werden kann, ohne daß Qualm entsteht; die Schamotteauskleidung muß natürlich rotwarm sein. Trotzdem ist die Frage nicht unberechtigt, ob die durch diese Vorkehrungen bedingte Komplikation der gesamten Anordnung nicht vermieden werden kann, zumal die amerikanischen Bahnen sich mit äußerst einfachen Flachschlitzbrennern zu behelfen wissen, mit denen sie ganz bedeutende Leistungen erreichen. Es erscheint vorteilhafter, einen einfachen Brenner ohne bewegliche Teile zu verwenden, der sich zwecks Reinigung in wenigen Minuten auswechseln läßt und so billig ist, daß man ebenso leicht Ersatz vorrätig halten kann, wie dies z. B. bei Roststäben der Fall ist. Nach diesen Gesichtspunkten ist der in Fig. 22 dargestellte Brenner konstruiert, der für die Versuchslokomotiven Verwendung gefunden hat. Es handelt sich um einen Flachschlitzbrenner mit breiten, rechteckigen Kanälen, der obere für Öl, der untere für Dampf, die geradlinig und parallel im Brennerkörper verlaufen und daher nach Entfernung einiger Verschlußpfropfen in gerader Richtung durchstoßen werden können. Die Mündung wird durch Aufsetzen einer Platte gebildet, in der Dampfschlitz und Austrittsöffnung für Öl und Dampf leicht auszuarbeiten ist, die Platte ist auf dem Brennerkörper gut dichtend aufgeschliffen und mit vier Schrauben befestigt. Es ist nun in sehr einfacher Weise möglich, die Platte so auszuarbeiten, daß der Dampf- und Ölstrahl je nach der Lage des Brenners in der Feuerkiste mehr nach oben oder nach unten gerichtet oder seitlich abgelenkt wird, wie dies bereits bei Fig. 6 erläutert wurde, auch lassen sich die Richtungen an jedem Brenner innerhalb eines Winkels von etwa 60° beliebig ändern. Im Brennerkörper verlaufen die Kanäle schräg, es kann daher Kondenswasser im Dampfkanal ständig abfließen und auch nach dem Abstellen des Brenners kein Öl im Brenner stehen bleiben und zu Verkokungen führen, ebenso wird Rückstau des Ölzuflusses und Absetzen der Brenner beim Bremsen vermieden. Dieser von dem Verfasser entworfene Brenner gibt eine restlose Verstäubung des Heizöls und hat seither allen Anforderungen des Betriebes entsprochen. Bei der bisherigen, etwas rohen Bearbeitung von Hand ist es nach einiger Zeit vorgekommen, daß der Dampfstrahl die Mündung auszehrte, durch Aufsetzen einer neuen Platte läßt sich dann leicht Abhilfe schaffen. Neuerdings wird der Brenner auch mit Luftzuführung ausgeführt. Er ist für alle Zwecke der Ölfeuerung, sowohl für Zusatzfeuerung wie für reine Ölfeuerung, brauchbar und anpassungsfähig und läßt sich wohl kaum noch vereinfachen.

Bei den hier beschriebenen Ausführungsbeispielen von Lokomotivbrennern gelangt als Zerstäubungsmittel Dampf zur Anwendung. Für Dampflokomotiven ist auch Dampf das Natürliche und Gegebene, wobei jedoch sorgfältig darauf zu achten ist, daß nur vollkommen trockener Dampf entnommen wird, der vor dem Brenner gut entwässert werden muß. Selbstverständlich kann eine gleich gute Verstäubungswirkung auch mit Preßluft erzielt werden, deren Verwendung zugleich den für den ersten Blick sehr bestechenden Vorteil bietet, daß der Flamme gleich im Beginn ihrer Entwicklung ein bedeutender Teil der erforderlichen Verbrennungsluft unter Druck zugeführt wird. Bei der praktischen Erprobung wird man jedoch finden, daß der Verbrauch an Preßluft wegen ihrer geringeren Ausströmungsgeschwindigkeit gegenüber Dampf hoch ist. Bei Dampfbrennern braucht man je nach der Güte der Konstruktion und der Einrichtung etwa 5—2 % der durch den Brenner verdampften Wassermenge. Mit dem Körtingschen Druckzerstäuber kann man sogar einen Mindestverbrauch von 1,7 % des erzeugten Dampfes erreichen, obgleich sowohl für die Ölpumpe wie zum Erwärmen des Öls Dampf gebraucht wird. Bei Preßluftbrennern kommt zu dem höheren Verbrauch noch der mechanische Verlust für die Druckerzeugung. Für kleinere Feuerungen sowie für Sonderzwecke (Schmelzfeuer, Verbrennungsöfen u. dgl.) wird man dagegen vorteilhaft die Brenner mit Preßluft betreiben.

Die Einrichtung für Ölzusatzfeuerung.

Bei der Einrichtung der Versuchslokomotiven für Zusatzfeuerung mußte vor allem darauf Bedacht genommen werden, die Handhabung der vorhandenen Kohlenfeuerung nicht zu behindern. Die rechteckig gestalteten Ölbehälter sind daher, wie aus Fig. 23 hervorgeht, oben auf der flachen Decke des Tenderwasserkastens so gelagert, daß zwischen ihnen die Wassereinlauföffnung frei bleibt; ihre Höhe ist durch die Forderung bestimmt und beschränkt, daß der Wasserkranausleger darüber hinwegschwenken kann. Auf dem vorderen schrägen Teile des Tenders bleibt genügend Raum zur Lagerung von Kohle, tatsächlich bleibt der jetzt von den Ölbehältern eingenommene Platz meist fast unbenutzt und wird neuerdings sogar durch ein Schutzbrett abgetrennt, das verhindern soll, daß Kohlen oder Briketts in die Wassereinlauföffnung fallen. Wie die Betrachtung der Fig. 24 ohne weiteres zeigt, wird auch bei Rückwärtsfahrt der Ausblick nur wenig gehindert, wenigstens nicht stärker als durch die Kohlenberge, welche sonst auf den Tendern aufgehäuft zu werden pflegen. Es ist auf diese Weise möglich, die Ölbehälter so groß zu machen, daß in jedem etwa 1 cbm Heizöl untergebracht werden kann, eine Menge, die für eine größere Anzahl von Fahrten ausreicht, so daß nicht allzu häufig nachgefüllt zu werden braucht. Bei der Herstellung der Behälter wurde auf die eingangs erwähnten Eigenschaften des Teeröls Rücksicht genommen und beim Vernieten der aus schwachem Eisenblech bestehenden Wände mit den Eckwinkeln jedes nicht metallische Dichtungsmaterial, etwa die üblichen mit Mennige getränkten Leinwandstreifen, vermieden, sondern dünnes Kupferblech als Dichtung verwendet. Es hat sich jedoch herausgestellt, daß es selbst bei sorgfältigem Verstemmen kaum möglich ist, vollkommen dicht haltende Nähte zu erzielen, man wird daher vorteilhafter solche Behälter autogen schweißen, wie dies bei den neuerdings ausgerüsteten Lokomotiven geschehen ist; auch die Laschen für die Befestigung der Ölkästen am Tender sollen mit angeschweißt werden, um Leckstellen an durchgehenden Schrauben zu vermeiden.

Zur Ausrüstung der Behälter gehören Füllöffnungen mit aufklapp-

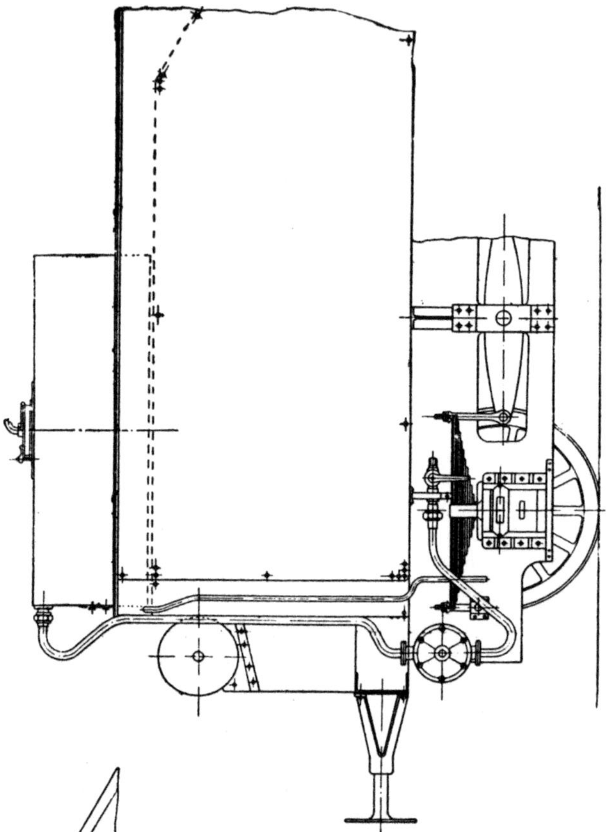

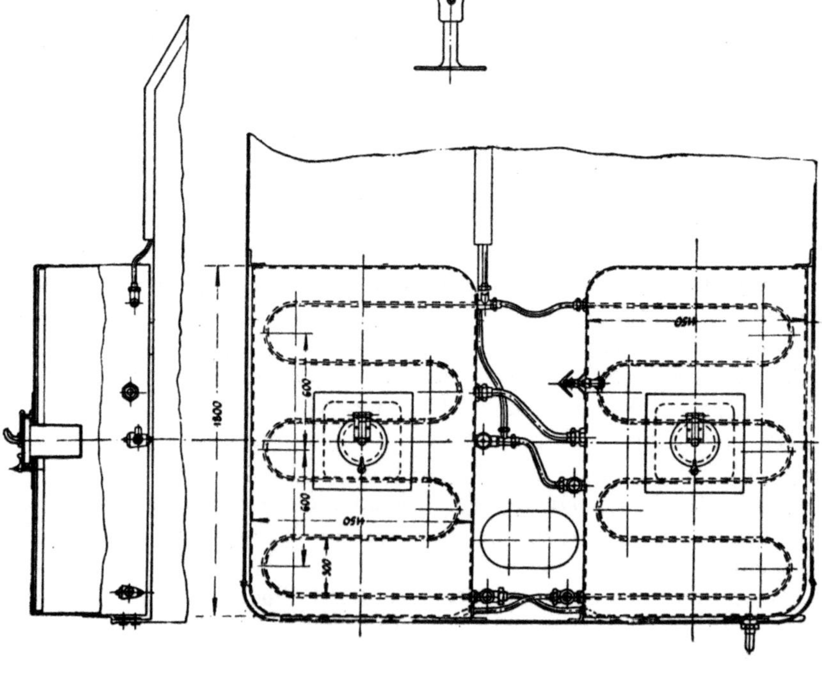

Fig. 23.
Ölbehälter-Anordnung am Tender für Teerölzusatzfeuerung.

barem Deckel, der einen guten dichten Verschluß gewähren und mit Bleiring abgedichtet sein muß; Gummidichtung wird durch das anspritzende Teeröl in kurzer Zeit gelöst, die Fetzen fallen in den Behälter und verursachen Verlegungen der Rohre. Zur Sicherheit gegen zufälliges Hineinfallen gröberer Teile, Putzwolle u. dgl., beim Füllen hängt man ein Trichtersieb in die Füllöffnung, das jedoch nicht aus Drahtgaze, sondern aus nicht zu eng gelochtem Eisenblech besteht; der Fülldeckel erhält ein gebogenes Luftrohr. Die Möglichkeit von Verunreinigungen der Behälter wird natürlich ganz wesentlich einge-

Fig. 24.
Tenderbehälter für Ölzusatzfeuerung.

schränkt, wenn man Fülldeckel ganz vermeidet und anstatt dessen eine Füllpumpe an jeder Lokomotive oder an jedem Ölbehälter ein gebogenes Füllrohr zum Anschluß an die stationäre Fülleitung vorsieht. In Fig. 23 und 24 ist die Anbringung einer Füllpumpe am Tender selbst ersichtlich; man wählt am besten eine Allweiler-Flügelpumpe mit metallischen Kugelventilen, die im Innern nur metallische Dichtungen aufweisen darf. Eine solche Pumpe mittlerer Größe schafft aus nicht zu tief liegenden Ölbehältern etwa 100 l/Min., die Tenderbehälter können daher in etwa 20 Minuten aufgefüllt sein, was mit Rücksicht auf den verhältnismäßig geringen Ölverbrauch der Zusatzfeuerung ausreicht.

Bei normaler Temperatur ist Teeröl so dünnflüssig, daß es ohne Vorwärmung bleiben kann; zur Lösung der bei niedriger Temperatur sich abscheidenden festen Stoffe ist es jedoch nötig, eine Heizschlange vorzusehen, durch welche das in den Ölbehältern mitgeführte Öl stets handwarm gehalten werden soll. Die sich abscheidenden Kristalle bilden einen sandartigen Schlamm, der die Ölhähne verlegt und die Verfeuerung vollständig verhindern kann; sie beginnen, sich bei Erwärmung auf etwa 10^0 zu lösen. Die Dampfschlange ist auf dem Behälterboden befestigt und ständig von Teeröl überdeckt, es wird daher ein schnelles Durchwärmen der gesamten Ölmenge von unten herauf erzielt und der bei senkrecht gewundenen Heizspiralen häufig beobachtete Mißstand vermieden, daß die ölgeschwängerte Luft über dem Ölspiegel erhitzt wird. Zur Erkennung des Ölstandes im Tenderbehälter und zur Messung des Verbrauchs dient ein mit Literskala versehenes Ölstandglas, das absperrbar sein muß; da solche Gläser leicht springen oder durch unvorsichtige Handhabung der Feuergeräte zertrümmert werden, ist ein Schwimmer mit Zeigervorrichtung vorzuziehen, dessen Drehachse über dem Ölspiegel liegt.

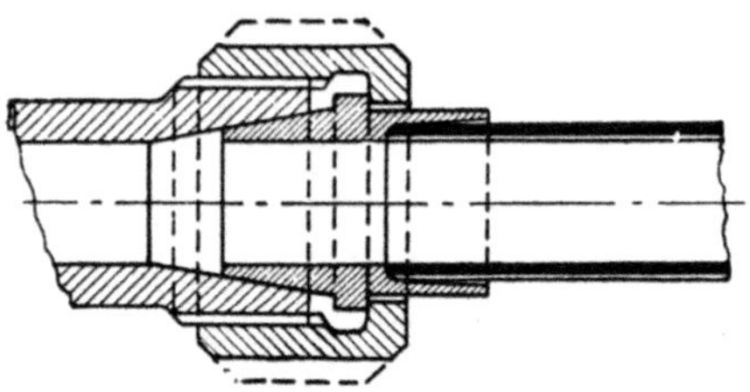

Fig. 25.
Metallischer Conusanschluß für Heizöl-Rohre.

Von beiden Behältern führt eine gemeinsame durch Haupthähne absperrbare Ölzuflußleitung zu den an der Frontwand des Kessels angeordneten Ölreglern. Es muß aufs strengste darauf geachtet werden, alle nicht metallischen Dichtungsstoffe in den Ölleitungen unbedingt zu vermeiden. Die früheren Erfahrungen hatten bereits gezeigt, daß die gewöhnlichen Rohrverbindungen mit aufgelötetem Flansch und eingelegten Dichtungsscheiben aus Asbest, Klingerit oder dgl. hier nicht verwendbar sind und am besten durch Konusverbindungen, wie sie bei Benzinmotoren üblich sind, ersetzt werden. Es kommen daher nur Metallkonusanschlüsse für normale Rohrweiten von 30, 25 und 20 mm für Heizöl, 20 ,15, 10 und 5 mm für Dampf zu Anwendung, von denen Fig. 25 ein Ausführungsbeispiel gibt. Diese Verbindungen lassen sich schnell lösen und wieder anschrauben und halten vorzüglich dicht, am besten bewährt sich ein Konus 1 : 3. Sehwierigkeiten bereitet die nachgiebige Rohrverbindung für die Ölleitung zwischen Tender und Lokomotive. Gummischlauch, wie er bei der Petroleumfeuerung in Österreich und Rumänien üblich ist, ist nach dem Vorhergesagten gänzlich auszuschließen, die in Amerika übliche Gelenkrohrkuppelung enthält zu viel Dichtungsstellen, deren Material, Hartgummi, nicht verläßlich genug für Teeröl erschien. Es wurde daher sogenannter „Metallschlauch" verwendet, der aus einer Metallspirale von eigenartiger Querschnittsform mit eingelegter Dichtungsspirale besteht und von mehreren Seiten als für Teeröl geeignet angeboten wurde. Als Anschluß dient der normale Metallkonus. Der ganze Schlauch ist mit einem dichten Drahtgeflecht übersponnen. Mit der Zeit werden jedoch auch diese Schläuche undicht, da sich offenbar das Dichtungsmaterial löst, es wird daher jetzt als nachgiebige Verbindung zwischen Lokomotive und Tender das von den „Deutschen Waffen- und Munitionsfabriken" in Karlsruhe hergestellte biegsame Tombakrohr, gleichfalls mit Drahtgeflechtüberzug, versuchsweise angebracht, das aus wellenförmig gewalztem Metall ohne fremdes Dichtungsmaterial besteht. Diese Verbindung hält bisher dicht; es empfiehlt sich, sowohl an der Lokomotive wie am Tender die Ölleitung jederseits durch ein Ventil absperrbar zu machen, damit bei einer Trennung der Verbindung das Ausfließen der in der Leitung stehenden Ölmenge verhindert werden kann. Zur Dampfzuführung für die Vorheizschlange der Tenderölbehälter wählt man am besten gleichfalls Metallschlauch von geringerer Durchgangsweite.

Fig. 26.
Lokomotive mit Öl-Zusatzfeuerung. Apparate an der Frontwand.

Der Zutritt des Heizöls zu den Brennern wird durch fein einstellbare Hähne geregelt, deren Griffe in handlicher Höhe liegen, so daß sie der Heizer bequem bedienen kann. Die Anordnung geht aus Fig. 26 hervor, in der das von unten an ein Kreuzstück anschließende Ölzuführungsrohr, die nach den Brennern führenden Ölrohre und die eingeschalteten Regelhähne links von Oberkante Feuertür ersichtlich sind. Konstruktiv bietet die Anordnung nichts Besonderes. Um eine feinere Regelung zu erzielen, sind die Regelhähne nicht mit runder Bohrung, sondern mit schmalem Durchlaßschlitz versehen; sie werden mittels eines Schneppers in einem fein geteilten Zahnbogen festgestellt. Obgleich die sonst viel verwendeten Regelventile noch feinere Einstellbarkeit ermöglichen, wurden nach amerikanischem Vorbild Hähne gewählt, die geraden Durchfluß ohne Richtungsänderung gewähren und sich mit einem schnellen Griff einstellen und abstellen lassen. Da die in der üblichen Weise eingeschliffenen Hähne mit unterer Mutter auf die Dauer nicht genügend dicht halten und nicht leicht genug bedienbar sind, müssen Stopfbüchsenhähne verwendet werden.

Für die Ölfeuerungseinrichtung sind im normalen Falle folgende Dampfanschlüsse notwendig: 1. zur Zerstäubung des Heizöls, 2. zum Durchblasen der Ölleitungen und Brenner, 3. zum Anwärmen der Ölbehälter, falls diese nicht vom Kessel her genügend angewärmt werden. — Diese Anschlüsse werden der Übersichtlichkeit halber von einem gemeinsamen Armaturstutzen abgezweigt, dem möglichst trockener Dampf durch eine an den Dom, den Pfeifenstutzen oder den Pumpenstutzen anschließende und mit Hauptabsperrventil versehene Leitung von genügendem Querschnitt (25—20 mm Durchm.) zuzuführen ist. Bei den Versuchslokomotiven ist, wie Fig. 27 zeigt, der links oben angeordnete Anschlußstutzen noch etwas plump ausgeführt — es sind hier im ganzen fünf Ventile, nämlich je eins für jeden Brenner, ferner je eins für die Anwärmeschlange, für die Durchblaseleitung und für einen besonderen Hilfsbläser vorhanden — bei neueren Ausführungen ist der Anschlußstutzen wesentlich einfacher. Gegenüber den sonst, z. B. bei österreichischen Lokomotiven, verwendeten Dampfhähnen sind Ventile wegen des besseren Abschlusses vorzuziehen. Eines besonders sorgfältigen Abschlusses bedarf die Durchblaseleitung, da bei etwaigen Undichtheiten der Dampfdruck das zufließende Öl zurückdrängt, neuerdings wird daher ein doppelter Abschluß vorgesehen. Häufig können Störungen auf solche geringfügigen Undichtheiten zurückgeführt werden.

In Fig. 27 sind über dem Anschlußstutzen zwei Manometer zu ersehen, welche an die Dampfleitung zu dem rechten bzw. linken Brenner angeschlossen sind und den in dieser Leitung herrschenden Druck anzeigen. Diese Manometer ermöglichen also eine Kontrolle des Dampfdruckes, mit welchem der Brenner betrieben wird, des Brennerdrucks. Da dieser Druck sehr wesentlich von der Dampfaustrittsweite des Brenners sowie von der Stelle abhängt, an welcher das Manometerröhrchen von der Brennerleitung abzweigt, so läßt sich eine allgemeine Anweisung darüber, mit welchem Druck der Brenner betrieben werden soll, für verschiedene Lokomotivtypen nicht geben;

bei den Versuchslokomotiven wird bei 12 at Kesselüberdruck der Brennerdruck in beiden Brennern auf etwa 4 at gehalten und im Bedarfsfall bis auf 8 at gesteigert. Bei dem mit 35 at Betriebsdruck arbeitenden Dampfwagen beträgt der Brennerdruck 8—12 at, die Brenner feuern jedoch bereits bei geringen Drücken ausreichend. Im allgemeinen gilt der Grundsatz, daß bei erhöhter Ölzufuhr auch der Brennerdruck erhöht werden und bei verringerter Ölmenge herabgemindert werden muß, zu hoher Dampfdruck ergibt bei geringer Ölzufuhr eine weit entfernt von der Brennermündung sich entwickelnde puffende Flamme. Sieht man von den Versuchsbeobachtungen ab, so genügt ein gemeinschaftliches Manometer für beide Brenner, auch kann man mit einem gemeinschaftlichen Dampfventil auskommen. Eine derartige Anordnung der Zusatzfeuerung bei einer 4/4 gek. Güterzuglokomotive der Gattung G_7 zeigt Fig. 28.

Fig. 27.
Lokomotive mit Ölzusatzfeuerung. Anordnung des Armaturstuzens.

Das Brennersystem, mit welchem die Versuchslokomotiven ausgerüstet sind, ist bereits in den Erläuterungen zu Fig. 22 beschrieben, der Ölanschluß befindet sich oben, der Dampfanschluß unten. Es bleibt noch zu bemerken, daß man statt der in Fig. 22 dargestellten schmiedeeisernen mit konischem Gewinde eingeschraubten Hülse nach österreichischem Vorbild eine eingewalzte Kupferhülse wählen kann. Tatsächlich sind Anfressungen, wie man sie an schmiedeeisernen eingeschraubten Hülsen beobachtet haben will, bisher nicht zu bemerken. Eine besondere Schutzhülse wird hier nicht verwendet, da Abbrand

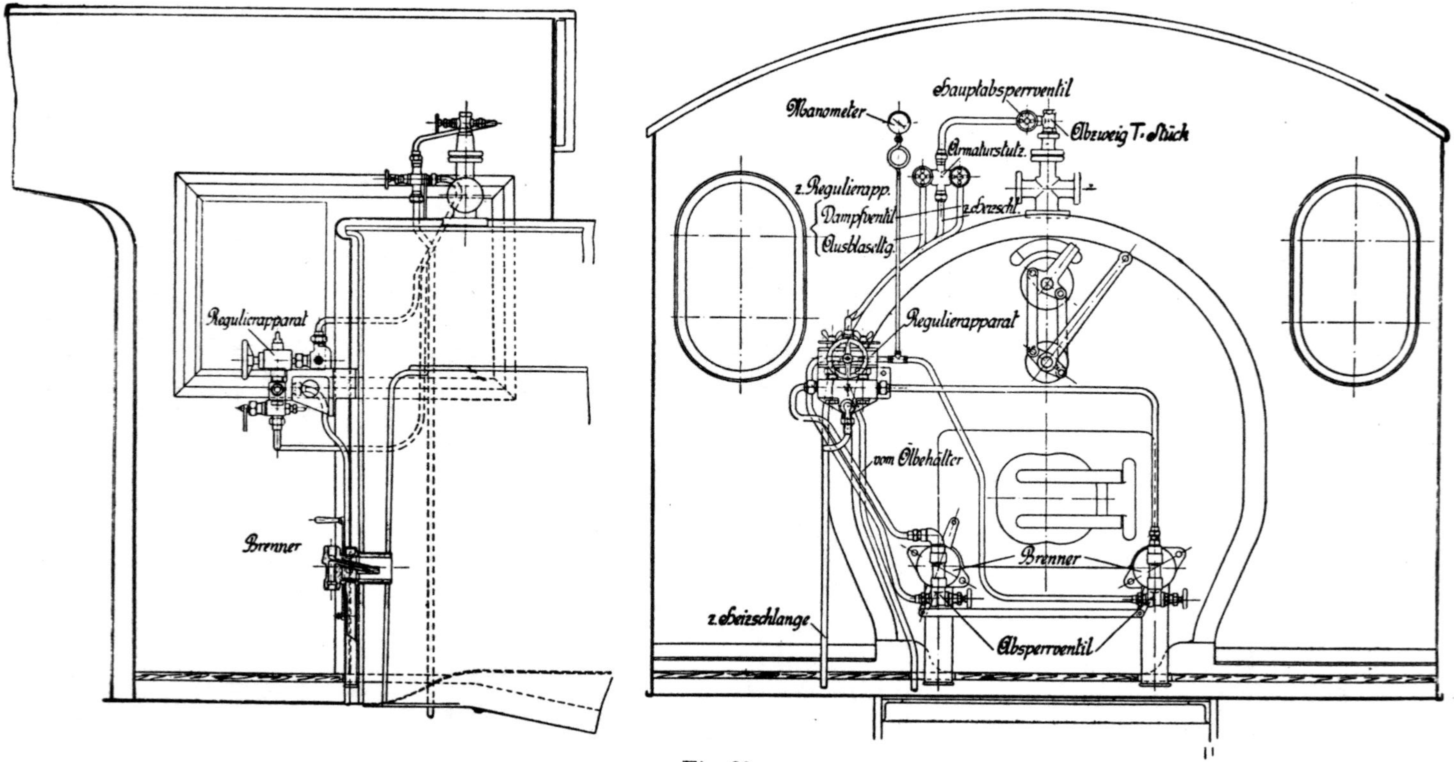

Fig. 28.
Ölzusatzfeuerung an 4/4 gek. Güterzug-Lokomotiven. System Sussmann.

an der Brennerhülse nicht vorkommt. Zum Einschrauben der Hülse dient ein Spezialschlüssel, der in zwei eingefräste Nuten eingreift. Der Brenner setzt sich mit einem scheibenförmigen Ansatz dicht gegen den Außenrand der Hülse. Das sonst stets vorhandene sehr störende Geräusch wird dank dieser Anordnung und der Brennerbauart auf ein Mindestmaß herabgesetzt. Zur Befestigung dienen einfache Schraubenklammern, die ein schnelles Abmontieren des Brenners gestatten.

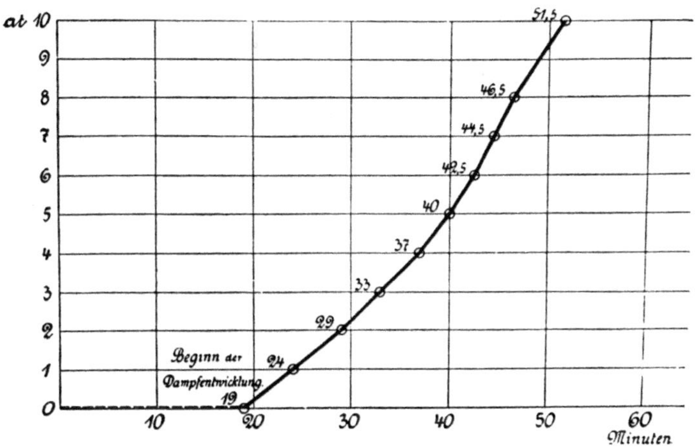

Fig. 29.
Anheizversuch am 6. Mai 1908. 51,5 Min. 2/3 gek. T_4-Lokomotive mit Teerölfeuerung.

Die Bedienung der Ölfeuerungseinrichtungen ist so einfach, daß sie den Personalen mit wenigen Worten erklärt werden kann, andererseits erfordert die Handhabung der Feuerung eine gewisse Aufmerksamkeit und sorgfältige Behandlung, damit Störungen vermieden werden. Es ist zunächst zu beachten, daß beim Ansetzen der Brenner, sei es nun für reine Ölfeuerung oder Zusatzfeuerung, stets künstlicher Zug vorhanden sein muß, zunächst ist also der Hilfsbläser anzusetzen. Bei reiner Ölfeuerung muß daher ein Fremdanschluß vorhanden sein, der an die Dampfleitung im Schuppen oder an eine andere Lokomotive oder auch an eine Preßluftleitung angeschlossen wird und den für den Betrieb des Hilfsbläsers und der Brenner erforderlichen Druck hergibt. Auch bei Zusatzfeuerung ist das Vorhandensein eines solchen Fremdanschlusses vorteilhaft, wenn man die Maschine schnell anheizen will. Sodann wirft man einen Bausch ölgetränkter alter Putzwolle vor den Brenner, öffnet das Dampfventil zum Brenner und beginnt dann vorsichtig den Ölreglerhahn zu öffnen. Sobald Öl zuläuft, entsteht eine ruhig brennende Flamme. Dampfdruck und Ölzufluß werden entsprechend der Wirkung des Hilfsbläsers so abreguliert, daß eine weiße möglichst rauchlose Flamme bestehen bleibt. Wird auf diese Weise das Öl völlig ausgenutzt, so erfordert das Anheizen nur kurze Zeit, im Durchschnitt weniger als die Hälfte der bei Kohlenfeuerung erforderlichen Mindestanheizzeit. Fig. 29 stellt den Verlauf eines Anheizversuches bei einer für reine Ölfeuerung eingerichteten 2/3 gek. Tenderlokomotive der Gattung T_4 mit rund 74 qm Heizfläche dar. In einer knappen Stunde wird mit einem Brennstoffaufwand von etwa 60—70 l aus kaltem Zustande der Betriebsüberdruck von 10 at erreicht. Der bereits erwähnte Dampftriebwagen mit Stoltz-Kessel wird in etwa 20 Min. auf den Betriebsdruck von 35 at gebracht.

Bei Zusatzfeuerung ohne Fremdanschluß können die Brenner — immer unter Voraussetzung der Hilfsbläserwirkung — erst dann angesetzt werden, wenn mit Kohlenanheizung ein Druck von etwa 5 at im Kessel herrscht, dann jedoch gelingt es in wenigen Minuten — etwa 1—2 Min. für jede at zu rechnen — den Kessel auf Volldruck zu bringen. In jedem Falle ist zu beachten, daß, im Gegensatz zu Feuerungen mit fester Kohle, die in die Feuerkiste gebrachten fein verstäubten Ölmengen stets sofort zur Verbrennung gebracht, also die notwendigen Luftmengen durch künstlichen Zug angesaugt und die Abgase entfernt werden müssen, damit das Zurückschlagen der Flamme verhütet wird. Solange die Schamotteauskleidung des Verbrennungsraumes noch nicht rotwarm ist, muß die Flamme öfters beobachtet werden, später ist nur noch ein allmähliches Öffnen der Ölregler zwecks vermehrter Ölzufuhr mit steigendem Dampfdruck notwendig. Ist der volle Betriebsdruck erreicht, so können die Brenner kleingestellt oder auch völlig abgestellt werden, die Flamme entzündet sich auch nach mehreren Minuten noch, solange die Schamotte gut rotglühend ist; ist jedoch zu starke Abkühlung eingetreten, so ist es rätlich, zunächst wieder mit Putzwolle zu zünden, da sonst die eingeführten Heizölmengen an den heißen Wänden vergasen und eine plötzliche explosive Entzündung der angesammelten Gase erfolgen kann.

Bei Zusatzfeuerung wird man die Brenner zweckmäßig erst dann anstellen, wenn nach Beginn der Fahrt das Kohlenunterfeuer gut durchgebrannt ist. Die Ölregler werden dann nach dem Anstellen des Brennerdampfes so weit geöffnet, daß genügende Heizwirkung ohne Qualmentwicklung eintritt. Qualmentwicklung zeigt zu hohe Ölzufuhr an oder läßt auf Störungen an den Brennern schließen. Je nach Bedarf arbeitet man mit einem Brenner oder beiden. Muß die Maschine stark arbeiten und steigt das Vakuum in der Rauchkammer, so wird mehr Öl gegeben und zugleich der Brennerdruck entsprechend erhöht, wird der Regulator eingezogen, so ist die Ölzufuhr gleichzeitig mit dem Brennerdruck zu verringern. Wird der Regulator ganz geschlossen, so müssen gleichzeitig die Ölreglerhähne geschlossen werden, falls man es nicht vorzieht, den Hilfsbläser anzustellen und die Brenner leicht angestellt zu lassen. Bei den Versuchslokomotiven wurde der Hilfsbläser durch ein selbsttätiges Ventil mit dem Schieberkasten derart in Verbindung gebracht, daß sich beim Schließen des Regulators der Hilfsbläser anstellt und beim Öffnen schließt. Da erst geraume Zeit nach dem Öffnen des Regulators durch die ersten Auspuffschläge Saugwirkung eintritt, so ist dies selbsttätige Ventil mit Drosselung zu versehen.

Beim Feuern ist darauf zu achten, daß der Rost stets gleichmäßig mit Kohle bedeckt bleibt und nirgends die Roststäbe durchblicken. Jede solche dunkle Stelle wird sorgfältig ausgefüllt. Es wird natürlich weit weniger Kohle gefeuert wie bei reiner Kohlenfeuerung, es soll jedoch öfter, jedesmal aber nur wenige Schippen, aufgeworfen werden. Im allgemeinen genügen jedesmal vier Schippen, je eine rechts und links vor die Brenner, wo die Kohle schnell wegbrennt, und zwei gleichmäßig gestreut. Der Heizer hat wesentlich leichtere Arbeit und bedarf keiner besonderen Geschicklichkeit. Beim Anstellen der Brenner ist immer der Grundsatz zu beachten, daß zunächst Dampf, dann Öl zugeführt wird, beim Abstellen wird zuerst der Ölregler geschlossen, während das Dampfventil noch kurze Zeit offen bleiben kann, damit auch etwa noch nachlaufendes Öl zerstäubt wird.

Die Bedienung der Ölfeuerung beim Durchfahren von längeren Tunnels bedarf einer besonderen Besprechung. Die Wirkung der Zusatzfeuerung beruht hier einerseits darin, daß die bei der Verbrennung der Steinkohle entstehenden erstickenden Schwefelgase größtenteils wegfallen, andererseits darin, daß die verfeuerte Heizstoffmenge genau reguliert werden und der Verlust an Wasserstand und Dampfdruck nach dem Passieren des Tunnels durch scharfes Ansetzen der Brenner schnell wieder wett gemacht werden kann. Es muß daher dafür gesorgt werden, daß das Kohlenunterfeuer bereits vor dem Tunnel gut durchgebrannt und hoher Wasserstand sowie die höchste Dampfspannung vorhanden ist. Kurz vor Einfahrt in den Tunnel wird die Ölfeuerung so weit angestellt, daß Qualm vermieden wird; im Tunnel darf natürlich keine Kohle nachgeworfen sowie auch nicht gespeist werden. Es wird dann, wenn der Tunnel ohne Rauchbelästigung durchfahren worden ist, kaum zu vermeiden sein, daß der Wasserstand etwas gesunken und der Kesseldruck heruntergegangen ist; jetzt wird Kohle nachgeworfen, die Brenner werden etwas stärker angesetzt, und bald ist der frühere Wasserstand und Kesseldruck wieder erreicht. Keinesfalls kann man erwarten, daß die Qualmplage durch das bloße Vorhandensein der Ölzusatzfeuerung beseitigt ist, wenn nicht die Bedienung des Feuers nach genauer Unterweisung das Ihrige tut.

Versuchsergebnisse mit Teeröl-Zusatzfeuerung.

Die Ausrüstung der Versuchslokomotiven mit der vorbeschriebenen Teerölzusatzfeuerung sollte zeigen, ob sich im Dauerbetriebe mit der Zusatzfeuerung Vorteile erzielen lassen, ohne daß wesentliche Mehrausgaben für Betriebsmaterial entstehen. Die Möglichkeit, die Leistungsfähigkeit des Kessels gegenüber reiner Kohlenfeuerung dauernd zu erhöhen, wurde am deutlichsten durch die im Dauerbetriebe durchgeführte Vergleichung einer 3/3 gek. Güterzuglokomotive (Gattung G_3), die Zusatzfeuerung erhielt, mit eine normalen 3/4 gek. Güterzuglokomotive (Gattung G_5) erwiesen. Der Unterschied in den Kesselabmessungen usw. dieser beiden Maschinengattungen geht aus der nachfolgenden Vergleichstabelle hervor:

1	2	3	4	5	6	7	8	9	10	11
				Kessel-						
						Heizfläche				
Gattung der Lokomotiven	Beschaffungsjahr	Beschaffungskosten	Zyl. Ø/Hub	at	Rost	Rohre	Feuerbüchse	Zusammen	Reibungsgewicht	Dienstgewicht
		M	mm		m²	m²	m²	m²	t	t
3/3 gek. Güterzuglok. G_3 mit Zusatzfeuerung .	1882	40 490	$^{450}/_{630}$	10	1,53	117,—	7,66	rd. 125	38,5	38,5
3/4 gek. Güterzuglok. G_5 mit Kohlenfeuerung	1905	58 678	$^{490}/_{630}$	12	2,25	129,23	10,28	rd. 140	42,3	53,10
Unterschied .		18 188	295 cm²	2	0,62	12,43	2,62	15	3,8	14,65

Danach ist das Reibungsgewicht der beiden Lokomotivgattungen, d. h. ihre Schleppleistung, nur wenig verschieden, die höhere Leistungsfähigkeit der normalen Zwillings-G_5-Lokomotive, auf Grund deren die Belastungsziffer auf das 1,15 fache gegenüber der normalen G_3 festgesetzt ist, beruht in dem wesentlich größeren Kessel, der eine vierte Achse als Laufachse notwendig machte. Durch die Zusatzfeuerung konnte nun dieses Manko ausgeglichen und im Dauerbetriebe die Leistung der G_5 erreicht, d. h. die Kesselleistung der G_3 (unter Berücksichtigung des größeren Heizwertes der Feuerbuchsheizfläche und des um 2 at geringeren Kesselüberdrucks) um nahezu 20 % gesteigert werden. Die Lokomotive wurde daher mit einer in gutem Erhaltungszustand befindlichen G_5-Lokomotive im gleichen Dienst zur Beförderung von Stück- und Durchgangsgüterzügen auf der Lahnstrecke Coblenz—Gießen verwendet, wobei sie die fahrplanmäßige Höchstbelastung der G_5-Lokomotive von 1000 bzw. 850 t bei lahnaufwärtsfahrenden Durchgangsgüterzügen anstandslos beförderte. Zum Vergleich sei bemerkt, daß die Höchstbelastung für normale G_3-Lokomotiven für diese Strecke auf 740 t festgesetzt ist. Dadurch, daß die Lokomotive mit Zusatzfeuerung erst nach etwa doppelt so langer Fahrstrecke ausgeschlackt und gereinigt zu werden braucht, wie gleichartige Maschinen mit reiner Kohlenfeuerung, genügen auch im Dauerbetriebe kurze Wendezeiten, und es konnten sogar bei Beförderung von Güterzügen hohe monatliche Kilometerleistungen — im August 1909 nahezu 6000 km erzielt werden. Besonders deutlich zeigt sich die Ausnutzungsmöglichkeit in den Ergebnissen eines Dauerversuches, der mit einer bereits früher noch mit Rohrbrennern nach Fig. 17 ausgerüsteten älteren G_3-Lokomotive ausgeführt wurde. Am 21. September 1908 mittags 12^{20} Uhr beginnend, beförderte die Lokomotive Durchgangsgüterzüge auf der Lahnstrecke und leistete bis zum nächsten Morgen 7^{30} Uhr drei volle Fahrten Coblenz—Wetzlar, zusammen also rund 316 km. Erst nach Zurücklegung von 263 km war es notwendig, die Lokomotive zum erstenmal auszuschlacken, da die Brenner nicht mehr über die in der Feuerkiste angehäuften Schlacken hinweg feuern konnten. Nach Beendigung der Fahrt war die Lokomotive völlig dienstfähig, in der Rauchkammer fand sich nur etwa eine Schubkarre Zinder vor. Allerdings war es nicht möglich gewesen, sämtliche von der Lokomotive beförderte Züge voll auszulasten, die Gesamtleistung betrug daher nur 181 400 tkm, und der Verbrauch von 9,4 kg Heizöl und 16,5 kg Steinkohle pro Tonnenkilometer stellt sich etwas zu hoch. Insgesamt wurden bei der Dauerfahrt rund 3 t Steinkohle und 1,7 t Heizöl verfeuert, sämtliches Anheizmaterial eingerechnet. Es ergibt sich daraus, daß bei Zusatzfeuerung die Verwendung der Dampflokomotiven zur Zurücklegung langer Fahrten keine Schwierigkeiten mehr bietet.

Bei den weiterhin mit Zusatzfeuerung ausgerüsteten Lokomotiven der Gattung S_3 (2/4 gek. Zweizylinderverbund-Schnellzuglokomotive mit Tender, 2 B 0) und P_4 (desgl. Personenzuglokomotive) ist die Anordnung der Brenner insoweit nicht ganz glücklich gewählt, als sich deren Höhe über dem Rost als etwas zu gering bemessen erwiesen hat, so daß stets nur eine niedrige Kohlenschicht auf dem Rost gehalten werden darf. Dadurch entstehen bei nicht ganz aufmerksamer Bedienung des Feuers leicht Lücken im Feuer, durch welche sog. „falsche Luft“ eintritt, außerdem ist für Dauerfahrten nicht genügend Raum für die angesammelte Schlacke vorhanden. Dieser Mangel, dem übrigens bei Neuausrüstungen leicht abgeholfen werden kann, hat jedoch die Verwendbarkeit der Lokomotiven im allgemeinen nicht beeinträchtigt. Mit der Schnellzuglokomotive war es möglich, auf der Strecke Coblenz—Gießen (Flachlandstrecke mit Steigungen bis 1 : 200 und zahlreichen scharfen Kurven) Schnellzüge von 400 t planmäßig zu befördern, während die Höchstleistung dieser Lokomotivgattung bei den gleichen Zügen 322 t beträgt. Erhebliche Mehrleistungen auf Steigungsstrecken, wie sie besonders von der Personenzuglokomotive erwartet worden waren,

Ergebnis der Aufschreibungen über den Betrieb und Parallel-Lokomotiven im Zugdienst

1	2	3	4	5	6	7	8	9
Zeit	Lokomotive	Dienst	Anzahl der Zugkm.	Anzahl der 1000tkm	Beförderte Tonnen Mittel $\left(Sp. \frac{5}{4}\right)$	Gesamtverbrauch Heizöl	Gesamtverbrauch Kohle	Gesamtverbrauch Wasser
			km	1000tkm	t	t-cbm	t	cbm
2.—31. Aug.	G_3 3116	Lahn-Stück-Güterzüge u. Durchgangs-güterzüge	5879	3690,4	629	21,74	64,84	798
3.—14. Aug.	G_5 4175[1])	„	2536	1612	635	—	40,65	319
15.—31. Aug.	G_5 4022	„	3125	1935	620	—	60,40	423
1.—30. Sept.	G_3 3116[2])	„	4655	3027	650	16,625	67,5	694
1.—30. Sept.	G_5 4022	„	4802	3151	667	—	102,75	655
24.Okt.—10. Nov.	G_3 3116	„	2854	1824	640	7,89	43	414
25.Okt.—11, Nov.	G_5 4022	„	3259	2264	700	—	71,6	476
Schnellzug-								
11.—29. Sept.	S_3 251	Lahn-Pers.- u.Schnellzüge	5475	1126	205	12,775	40,5	407
12.—28. Sept.	S_3 255	„	4683	902	193	—	58,5	454
1. Okt.—8. Nov.	S_3 251	„	8095	1501	186	14,14	59,5	625
2.—31. Okt.	S_3 255	„	7300	1405	198	—	78,9	652
3.—31. Okt.	S_3 259	„	4990	903	181	—	58,9	568
Personenzug-								
3.—30. Sept.	P_4 1921	Taunus-Limburg-Frankfurt Pers.- u. EilzügeLange Steigungen 1:70bzw.1:90	6183	1194	193	12,06	66,75	712
5.—30. Sept.	P_4 1898	„	5457	973	178	—	83,80	590
5.—30. Sept.	P_7 2302	„	5748	1108	192	—	88,90	643
1.—28. Okt.	P_4 1921	„	5875	1087	186	10,35	70,0	676
1.—28. Okt.	P_4 1898	„	6090	1086	178	—	99,0	732
1.—31. Okt.	P_7 2302	„	6954	1305	187	—	112,80	766

waren jedoch nicht zu erzielen, da die Grenze der Zylinderleistung erreicht war.

Die Ergebnisse der Vergleichsversuche, die 1909 mit den drei

[1]) 4175 ist Verbundlokomotive; Aufschreibungen umfassen nur zehn Tage, daher nicht ganz zutreffend.

[2]) Vmk.: Die von August bis Oktober eingetretene Verschlechterung der 3116 war die Folge von Durchlässigkeit der Schieber usw., Metallstopfbuchse war beschädigt.

von Lokomotiven mit Teeröl-Zusatzfeuerung
auf der Lahn- und Taunus-Strecke.

10	11	13	13	14	15	16	17
Verbrauch für 1000 Zugkm.			Verbrauch für 1 000 000 tkm			Kosten des Heizmaterials für 1 000 000t km	Bemerkungen
Heizöl: Sp. $\frac{7}{4}$	Kohle: Sp. $\frac{8}{4}$	Wasser: Sp. $\frac{9}{4}$	Heizöl: Sp. $\frac{7:8}{1000}$	Kohle: 8 : 5	Wasser: 9 : 5		
t	t	cbm	t	t	cbm	cbm	
3,7	11,0	136	5,9	17,6	216	593	Höchste Tonnenzahl lahnaufwärts: Coblenz Niederlahnst.: 1077 Niederlahnst.-Limburg 850 (bei Durchgangsgüterzügen)
—	16,0	126	—	25,2	197	480	
—	19,4	136	—	31,3	220	597	
3,57	14,5	149	5,5	22,3	230	663	
—	21,4	145	—	32,6	207	620	
2,76	15,1	145	4,32	23,6	227	634	1.—23. Okt. defekt (Rahmenflick. geriss.)
—	22,1	147	—	31,6	210	602	
Lokomotiven.							
2,34	7,4	74,5	11,34	36,0	362	1179	
—	12,5	97	—	65,0	500	1240	
1,75	7,35	77	9,43	39,6	417	1163	
—	10,80	89,5	—	56,0	465	1065	
—	11,80	114	—	65,0	628	1240	
Lokomotiven.							
1,96	10,8	115	10,1	55,9	597	1500	
—	15,35	108	—	86,2	607	1640	
—	15,50	112	—	80,6	582	1532	P_7 = 2-C-0 4 Zyl. Verbundlok.
1,76	11,9	115	9,5	64,4	622	1632	
—	16,25	120	—	91	674	1730	
—	16,25	111	—	109,4	743	2080	

ausgerüsteten Lokomotiven in normalen turnusmäßigen Dienstplänen zusammen mit je 1 oder 2 Lokomotiven mit Kohlenfeuerung durchgeführt wurden, sind in der vorstehenden Tabelle zusammengestellt. Für Kohle ist darin einschl. Fracht usw. ein Preis von 18,79 bezw. 19,01 M für 1000 kg, für Öl 44,50 M für 1000 kg zu Grunde gelegt. Dabei ist zu beachten, daß aus bereits früher ausgeführten Gründen die Lokomotiven mit Zusatzfeuerung den sonst üblichen Zusatz von etwa 20 % Steinkohlenbriketts zu dem Feuerungsmaterial (meist gute

Ruhrkohle mit mäßig großen Stücken, nur selten Saarkohle) nicht erhalten, da sie eine Verbesserung der Feuerung entbehren können; es berechnet sich daher der Preis des festen Feuerungsmaterials (einschl. der vollen Frachtkosten sowie der Ablade- und Stapelkosten) etwas niedriger als bei der normalen Feuerung der nur Kohle feuernden Maschinen.

Aus der letzten Zahlenspalte der Tabelle ergibt sich, daß bei den derzeitigen Preisverhältnissen Ölzusatzfeuerung in dem beschriebenen Umfange sich tatsächlich hinsichtlich der reinen Betriebsmaterialkosten nicht teurer stellt als die normale Kohlenfeuerung, ja, daß sich sogar bei bestimmten Strecken und Fahrplanverhältnissen Materialersparnisse erzielen lassen. Insbesondere gilt dies für die auf Steigungsstrecken verwendeten Lokomotiven, sofern sie erhebliche kilometrische Leistungen aufzuweisen haben. Auf solchen Strecken müssen die Lokomotiven, um stets die nötige Dampfreserve zu haben, bei der Bergfahrt bis zur Gefällscheide sehr hohes Feuer halten, das bei der darauf folgenden Talfahrt mit geschlossenem Regler fast niemals ganz aufgebraucht werden kann, so daß die Lokomotiven oft noch mit brüllenden Ventilen in die Endstation einlaufen und beim Ausschlacken viel unverbrannte Kohle verloren geht. Auch wird natürlich bei hohem Feuer viel Zinder übergerissen. Bei dem niedrigen Kohlenunterfeuer der Zusatzfeuerung entfallen diese Verluste größtenteils. — Es geht ferner aus der Tabelle hervor, daß das Verhältnis der verfeuerten Heizölmenge zur Gesamtmenge des Feuerungsmaterials im Durchschnitt etwa $^1/_3$—$^1/_5$ betragen hat, dabei ist für die Kohle mit 7—8-facher, für das Heizöl mit 12 bis 14-facher Verdampfung zu rechnen. Zum Vergleiche diene die Angabe, daß man bei reiner Ölfeuerung mit Steinkohlenteeröl normaler Beschaffenheit und normalem Kesseldruck von 10—12 at ohne Überhitzung etwa 12-fache Verdampfung erzielt, bei dem bereits erwähnten Dampfwagen-Stoltzkessel von 35 at Betriebsdruck mit Überhitzung beträgt die Verdampfungsziffer im Mittel 9—10, gegen 5—6 bei Kohlenfeuerung.

Wie bei allen derartigen Aufschreibungen sind die in der vorstehenden Tabelle ermittelten Ziffern für eine weitere Verwertung zu Umrechnungen cum grano salis anzuwenden. Denn es handelt sich hier nicht um Ergebnisse einzelner peinlich überwachter und in allen Einzelheiten streng kontrollierter Versuchsfahrten, sondern um Aufschreibungen aus mehrmonatlichem laufenden Betriebe, die zwar von den Lokomotivführern so gewissenhaft wie möglich und genau nach den ergangenen Anweisungen geführt und von den überwachenden Beamten sorgfältig nachgeprüft wurden, die jedoch mit all den Messungs-, Beobachtungs- und Aufzeichnungsfehlern des laufenden Eisenbahnbetriebes behaftet sein müssen, wenn anders sie wirklich ein Bild aus dem normalen Betriebe geben sollen. Dem Personal ist es vor allem um die planmäßige Beförderung der ihnen anvertrauten Züge zu tun, und muß es zu tun sein; Aufschreibungen dieser Art kommen erst in zweiter Linie und werden zudem als eine lästige Erschwerung empfunden. Es muß daher — und dies gilt auch für einzelne Versuchsfahrten — als verfehlt und irreführend bezeichnet werden, wenn man etwa versucht, zum Beweis der Bewährung irgendeiner Einrichtung an der Lokomotive die zweiten Dezimalen von Verbrauchsziffern heranzuziehen. Es ist stets nur angängig, Verbrauchszahlen aus Beobachtungsreihen, die unter gleichartigen Bedingungen ausgeführt werden, einander gegenüberzustellen; Abweichungen von rund 10 % wird man als innerhalb der Fehlergrenzen liegend anzusehen haben.

Die drei Versuchslokomotiven sind seit August bzw. September 1909 dauernd im laufenden Betriebe; während jedoch die Güterzug- und die Personenzuglokomotive wegen Änderung der Dienstpläne späterhin nicht so ausgenutzt werden konnte, wie dies während der Zeit der Aufschreibungen geschah, ist die Schnellzuglokomotive in ihrem Turnus weiter verwendet worden. Es sind daher die Jahresleistungen und Verbrauchsziffern im Vergleich zu den übrigen Lokomotiven des gleichen Turnus, die in dem betreffenden Monat längere kilometrische Leistungen aufzuweisen haben, wie folgt zusammengestellt:

Lokomotive S_3, Frt. Nr. 251 mit Teeröl-Zusatzfeuerung.

	Anzahl der geleisteten Lok.-Kilom.	Gesamtverbrauch im Jahr an		Durchschnittsverbrauch in t pro 1000 Lok.-km an		Durchschnittsverbrauch der übrigen Lok. des gleichen Dienstplans an Kohle in t/1000 Lok.-km (Steinkohle mit 20 % Briketts)
		Steinkohle	Heizöl	Steinkohle	Heizöl	
	km	t	t	t	t	t
Anfang September 1909 bis Ende August 1910	71 356	564	104,25	7,92	1,46	10,87

Es geht daraus hervor, daß die kilometrische Gesamtleistung der Lokomotive in dem Jahre eine recht erhebliche gewesen ist, trotzdem sie etwa 1½ Monat zur regelmäßigen äußeren Untersuchung in der Hauptwerkstatt war.

Auch im folgenden Jahre und bis jetzt ist die durchschnittliche Kilometerleistung und der Durchschnittsverbrauch an Kohle und Heizöl ungefähr gleich geblieben. Von ganz besonderer Bedeutung ist jedoch im Gegensatz zu den sonst häufig laut gewordenen Klagen über schnelle Abnutzung und häufige Schäden der Feuerkiste durch die intensive Flamme der Ölfeuerung die Feststellung, daß sich bisher, nachdem sich die Maschine nunmehr 2½ Jahre mit der Ölzusatzfeuerung in angestrengtem Betriebe befindet, nicht nur keine Schädigung, sondern sogar eine weit bessere Erhaltung, wie bei gleichartigen Lokomotiven gleicher Beanspruchung, herausgestellt hat. Die Zusatzfeuerung übt bei der gewählten Anordnung und Richtung der Brenner einen schonenden Einfluß aus. Zunächst wird die Feuerkistenwand in der Nähe des Feuerloches ganz wesentlich geschont, die bei Kohlenfeuerung durch die Stichflammen des meist bis auf Mitte Feuerloch hoch geschichteten Brennstoffes einem so schnellen Abbrand unterworfen ist, daß bei der in Rede stehenden Lokomotivgattung gewöhnlich schon nach kurzer Zeit die Anbringung eines Flickens am Feuerloch notwendig wird. Diese Flicken geben natürlich infolge Undichtigkeit beständig zu Störungen Veranlassung, und es ist daher für den Betrieb wichtig, wenn die Anbringung derartiger Flicken bei den Kesseluntersuchungen vermieden werden kann. Außerdem aber hat sich ein viel geringerer Abbrand der Stehbolzenköpfe in den unteren Reihen, sowie der Feuerkistenwände in unmittelbarer Nähe des Feuers gezeigt, die Ausbauchungen der Wände zwischen vier Stehbolzen sind nur gering. Wie wenig die Feuerkiste angegriffen werden muß, läßt sich bereits aus der Erhaltung der Roststäbe schließen, die nach 2¼ jährigem Gebrauche noch scharfe Kanten und glatte Bahn zeigen, während sonst bei normalen Gußstäben nach Verfeuerung von etwa 300—400 t Kohle die ersten Auswechselungen beginnen. Ergänzend sei hier bemerkt, daß bei Zusatzfeuerung Roste mit engeren Spalten eingelegt werden müssen, um zu schnellen Abbrand des Kohlenunterfeuers zu verhüten. Die ständigen Kesselarbeiten in der Betriebswerkstatt und die Untersuchungs- und Reparaturkosten in der Hauptwerkstätte werden daher durch die Ölzusatzfeuerung wesentlich verringert und die Lebensdauer der Feuerkiste offenbar verlängert; die dadurch erzielbaren Ersparnisse können bei den hohen Beschaffungskosten der Feuerkisten moderner Lokomotiven ganz bedeutend sein.

Auffallend ist der schonende Einfluß einer richtig angebrachten Ölfeuerungseinrichtung bei dem bereits erwähnten Dampftriebwagen mit Rohrplattenkessel hervorgetreten. Während der mit Kohlenfeuerung eingerichtete Kessel, der allerdings während der Betriebszeit stark beansprucht war, nach einigen Betriebsmonaten bedeutende Verwerfungen und Anfressungen der Platten erlitten hatte, sind die gleichfalls im Anfange aufgetretenen Verbiegungen der Platten bei dem mit reiner Ölfeuerung betriebenen Kessel, seitdem die Ölfeuerung entsprechend Fig. 12 umgebaut worden ist, bisher nicht stärker geworden; der Wagen ist nunmehr mit der neuen Feuerung etwa 1¼ Jahr im Betrieb.

Die reine Ölfeuerung für Triebwagen.

Einige Angaben über die Betriebskosten dieses Dampfwagens mit Ölfeuerung werden hier, obgleich nicht im unmittelbaren Zusammenhang mit der behandelten Frage stehend, von Interesse sein, da sie zeigen, daß es für die Höhe der Gesamtbetriebskosten nicht von ausschlaggebender Bedeutung ist, wenn die reinen Materialkosten des Heizöls auch etwas höher sind wie die Materialkosten bei Verfeuerung von Kohle. Ausschlaggebend für die Höhe der Gesamtbetriebskosten sind die Kosten der Verzinsung und Abschreibung des Anlagekapitals. Die Beschaffungskosten für einen gut und neuzeitlichen Anforderungen entsprechend ausgestatteten Vollbahntriebwagen von standhafter Bauart sind recht hoch und werden sich kaum unter 1200 M für 1000 kg Betriebsgewicht herabmindern lassen. Es kommt daher vor allem darauf an, den Wagen möglichst auszunutzen, d. h. eine möglichst

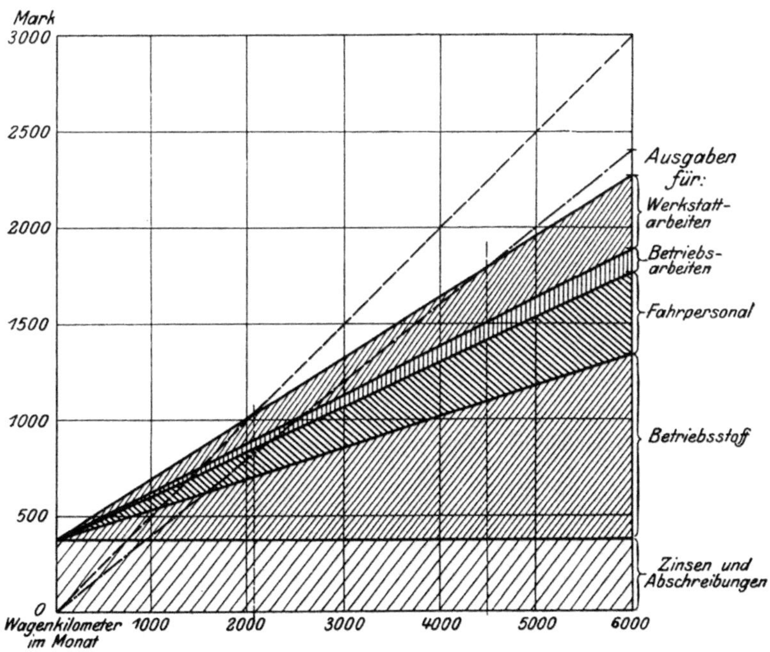

Fig. 30.

Dampftriebwagen mit Ölfeuerung. Abhängigkeit der Betriebskosten von der monatlichen Kilometerleistung.

——— Einnahmen bei durchschnittlicher Wagenbesetzung mit 20 Personen und bei 2,5 Pfg. pro Personenkilometer.

— —· dsgl. für 20 Personen und bei 2,0 Pfg. pro Personenkilometer.

hohe Kilometerleistung zu erreichen, damit die von der Kilometerleistung unabhängigen Anlagekosten gegenüber den von der Leistung abhängigen übrigen Betriebskosten möglichst zurücktreten. Wie wichtig diese Ausnutzung für die Erzielung von Reineinnahmen ist, geht aus den Linien der Fig. 30 hervor. Man ersieht daraus, daß bei einem Dampftriebwagen nach Art des hier besprochenen erst bei einer Monatsleistung von 2040 Betriebskilometern die Einnahmen die Höhe der

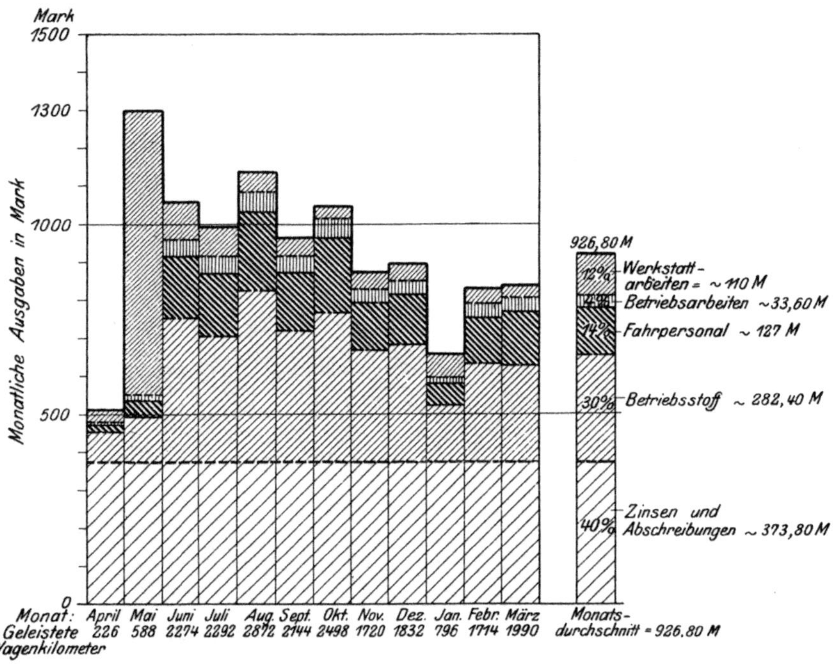

Fig. 31.

Dampftriebwagen mit Ölfeuerung. Betriebsausgaben im Rechnungsjahr 1910.

reinen Betriebsausgaben erreichen und eine $3\frac{1}{2}$ proz. Verzinsung des Anlagekapitals zu erzielen vermögen, wobei zu beachten ist, daß der Generalkostenanteil (für Strecke, Verwaltung, Streckenpersonal) hier in die Ausgaben noch gar nicht einbegriffen ist. Die Fahrgeldeinnahmen sind unter der den wirklichen Ergebnissen entnommenen Annahme berechnet, daß die Wagenbesetzung durchschnittlich 20 Personen, d. h. $\frac{1}{3}$ des Fassungsvermögens des Wagens, beträgt und daß 2,5 Pf., d. h. das Mittel zwischen dem tarifmäßigen Satz für dritte und vierte Wagenklasse, die der Wagen allein enthält, für den Personenkilometer vereinnahmt werden. Da derartige Triebwagen gewöhnlich größtenteils

Vorortverkehr mit vielen Abonnements, Arbeiter- und Schülerfahrkarten unter ermäßigten Sätzen befördern, so ist noch eine zweite Linie für Einnahmen von nur 2 Pf. für den Personenkilometer eingezeichnet, die erst bei 4470 km Monatsleistung Deckung der Ausgaben ergibt. Nun ist aber bei Triebwagen, die gewissermaßen eine Vereinigung von Lokomotive und Zug darstellen, die Ausnutzung naturgemäß weder so gut wie bei Personenwagen noch wie bei Lokomotiven, im allgemeinen werden 4000 km monatlich nicht überschritten werden. Mit dem hier besprochenen Dampftriebwagen, der einen zu geringen Fassungsraum für nur 60 Personen besitzt und deshalb für eine Reihe von Triebwagenfahrten nicht ausreicht, sind sogar, wie aus der Zusammenstellung Fig. 31 hervorgeht, aus Verkehrsrücksichten im Monat 2000 km selten überschritten worden. Diese staffelförmige Aufstellung der einzelnen Betriebsausgaben für das Jahr 1910 zeigt, daß durchschnittlich im Monat nur 30 % der Ausgaben auf den Betriebsstoff, hier Heizöl, entfallen. Man braucht deshalb nicht zu fürchten, daß die mit Verwendung dieses Brennstoffes anstatt Kohlen erzielbaren betrieblichen Vorteile durch wesentliche Brennstoff-Mehrkosten wett gemacht werden. Durch kleine Verbesserungen ist es gelungen, den Heizölverbrauch immer mehr herabzudrücken, man kann daher bei dem 100 PS Dampftriebwagen mit einem Verbrauch von 2,4 kg für den Wagenkilometer rechnen, während bei Verwendung von guter Steinkohle etwa 4,5 kg/km gebraucht werden. Dies ergibt bei einem Heizölpreise von 44 M/1000 kg und bei einem Kohlenpreise von rund 20 M/1000 kg (beides einschließlich Fracht) für monatlich 3000 km bei Heizölfeuerung 316,80 M monatliche Brennstoffkosten, gegen 270 M bei Kohle, der Mehrpreis ist also für die Wirtschaftlichkeit des gesamten Betriebes unbedeutend. Bedeutend aber sind die erzielbaren Vorteile, die gerade im Dampftriebwagenbetriebe besonders augenfällig hervortreten und deshalb nochmals zusammengestellt sein sollen:

1. Schnelle Betriebsbereitschaft des Wagens, 20 Minuten gegen 50 Minuten bei Kohle.
2. Schnelle und saubere Übernahme des Brennstoffes, genaue Verbrauchskontrolle.
3. Im gleichen Fassungsraum Unterbringung länger ausreichender Brennstoffmengen.
4. Größere Schonung des Kessels gegen Beanspruchung durch die Flamme.
5. Keine mechanische Beschädigung des Kessels und Feuerraumes durch Schaufel und Stocheisen.
6. Einfachere und saubere Bedienung der Feuerung, daher Bedienung durch den Führer möglich.

7. Rauchschwache Feuerung, sowohl beim Anheizen wie bei Fahrt.
8. Schonung des Wagens und des Anstriches durch Vermeidung von Qualm und Kohlenstaub, desgleichen größere Annehmlichkeit für die Fahrgäste.
9. Sicherheit gegen Überbeanspruchung und Explosion des Kleinkessels, da die Flamme jederzeit sofort an- und abgestellt werden kann.
10. Keine Verlegung der Kesselzüge durch Flugasche, daher wenig Reinigungsarbeiten.
11. Kein Ausschlacken und Reinigen des Feuers nach der Fahrt, der Wagen wird ohne weiteres in den Schuppen abgestellt.
12. Bessere Ausnutzung des Wagens, da der Zeitaufwand für den größten Teil der bei Kohlenfeuerung erforderlichen Betriebsarbeiten fortfällt.

Da jetzt alle diese Vorteile durch die rationell ausgebildete Heizölfeuerung mit unwesentlichen Mehrkosten erreicht werden können, so ist wohl zu hoffen, daß die Ausdehnung der Ölfeuerung auf die bisher noch mit Kohle gefeuerten Kleinkessel für Eisenbahndampftriebwagen, Dampfstraßenwagen und Kleinlokomotiven zu einer Wiederbelebung des Dampfbetriebes für alle diese Zwecke führen wird, dessen Vorteile gegenüber anderen Betriebsarten bekannt sind und anerkannt werden, der jedoch infolge der nachteiligen Eigenschaften der bisher ausschließlich verwendeten Kohlenfeuerung und der mit dieser Feuerung verbundenen Mißstände stark zurückgedrängt worden ist. Die bisherigen Erfahrungen führen zu der Erkenntnis, daß zum Betriebe derartiger Kleinkessel in der Mehrzahl der Fälle nur Ölfeuerung geeignet und vorteilhaft ist.

Vorteile und Aussichten der Öl-Zusatzfeuerung für Lokomotiven.

Zum Vergleich mit der vorstehenden Zusammenfassung der Vorteile einer reinen Ölfeuerung für Dampfkessel kleinerer Eisenbahnfahrzeuge seien im folgenden die Vorteile der Teerölzusatzfeuerung zusammengefaßt, wie sie sich nach den Beobachtungen im Betriebe ergeben haben:

1. Die Kesselleistung kann durch Teeröl-Zusatzfeuerung dauernd um 15—20 % erhöht werden, und zwar bis an die Grenze der Zylinderleistung und ohne Mehrbeanspruchung des Heizers;
2. dadurch ist eine höhere Belastung der Lokomotiven zulässig, die bei den meisten Lokomotivtypen bis an die Grenze der Maschinen- bzw. Schleppleistung gesteigert werden kann;
3. Störungen infolge Dampf- und Wassermangel infolge schlechter Kohle, Verschlacken der Roste, Verlegung der Rohre werden

verhindert, sofern die Zusatzfeuerung in gut arbeitendem Zustande erhalten wird;

4. infolge Verringerung der Schlackenbildung und des Verlegens der Rohre und der Rauchkammer durch Zinder und Flugasche fallen Zwischenreinigungen fort; es sind kürzere Wendezeiten möglich, somit höhere kilometrische Leistungen, bessere Ausnutzung der Lokomotiven (besonders Güterzuglokomotiven) und Durchfahren längerer Strecken ohne Lokomotivwechsel (Schnellzuglokomotiven);
5. Qualm wird eingeschränkt und kann auf Bahnhöfen und bei Durchfahrt von Tunnels durch geeignete Behandlung des Feuers ganz vermieden werden;
6. Beschädigungen der Feuerkiste und der Feuerlochumgrenzung durch hohes Feuer werden vermieden, eine größere Schonung der ganzen Feuerkiste ist zu erwarten, der Rost bleibt gut erhalten;
7. der Einbau der Zusatzfeuerung läßt sich im allgemeinen einfach und mit verhältnismäßig niedrigen Kosten durchführen;
8. die gesamten Feuerungsmaterialkosten stellen sich im Durchschnitt nicht bzw. nicht wesentlich höher als bei reiner Kohlenfeuerung, ausgenommen für die unmittelbare Nachbarschaft der Kohlenreviere.

Was nun die Aussichten auf die Einführung von Teeröl - Zusatz - feuerung in größerem Maßstabe betrifft, so ist allerdings zu bedenken, daß außer den für die Kohlenversorgung geschaffenen Vorkehrungen auch Einrichtungen für die Zuführung, Aufbewahrung und Ausgabe des Heizöls getroffen werden müssen. Der Lauf der Kesselwagen zur Heranführung der notwendigen Heizölmengen muß genau geregelt, ferner die Bauart der Abfüllanschlüsse vereinheitlicht werden, die aufgestapelten Mengen sind zu magazinieren, die Aufbewahrungsbehälter mit Heizschlangen, Pumpen zur Abscheidung angesammelten Wassers, Rohrleitungen und Füllkränen einzurichten. Es sind dazu, wie Fig. 32 in der Darstellung eines Restölbehälters mit Abfüll- und Verausgabungseinrichtungen für 260 cbm (Lokomotivstation Pascaņi, Rumänische Staatsbahnen) zeigt, recht umfangreiche Einrichtungen erforderlich. Beschränkt man sich darauf, nur eine kleinere Anzahl von Lokomotiven einer Station mit Zusatzfeuerung zu versehen, so genügen allerdings etwas einfachere Einrichtungen. Im Lokomotivschuppen zu Limburg dienen als Heizölbehälter für die vier mit Zusatzfeuerung arbeitenden Lokomotiven und den mit reiner Ölfeuerung versehenen Dampfwagen zwei alte in einem Keller aufgestellte Tenderwasserkästen von je 10 bzw. 12 cbm, denen das Öl aus Kesselwagen zuläuft, um mit einer Hand-

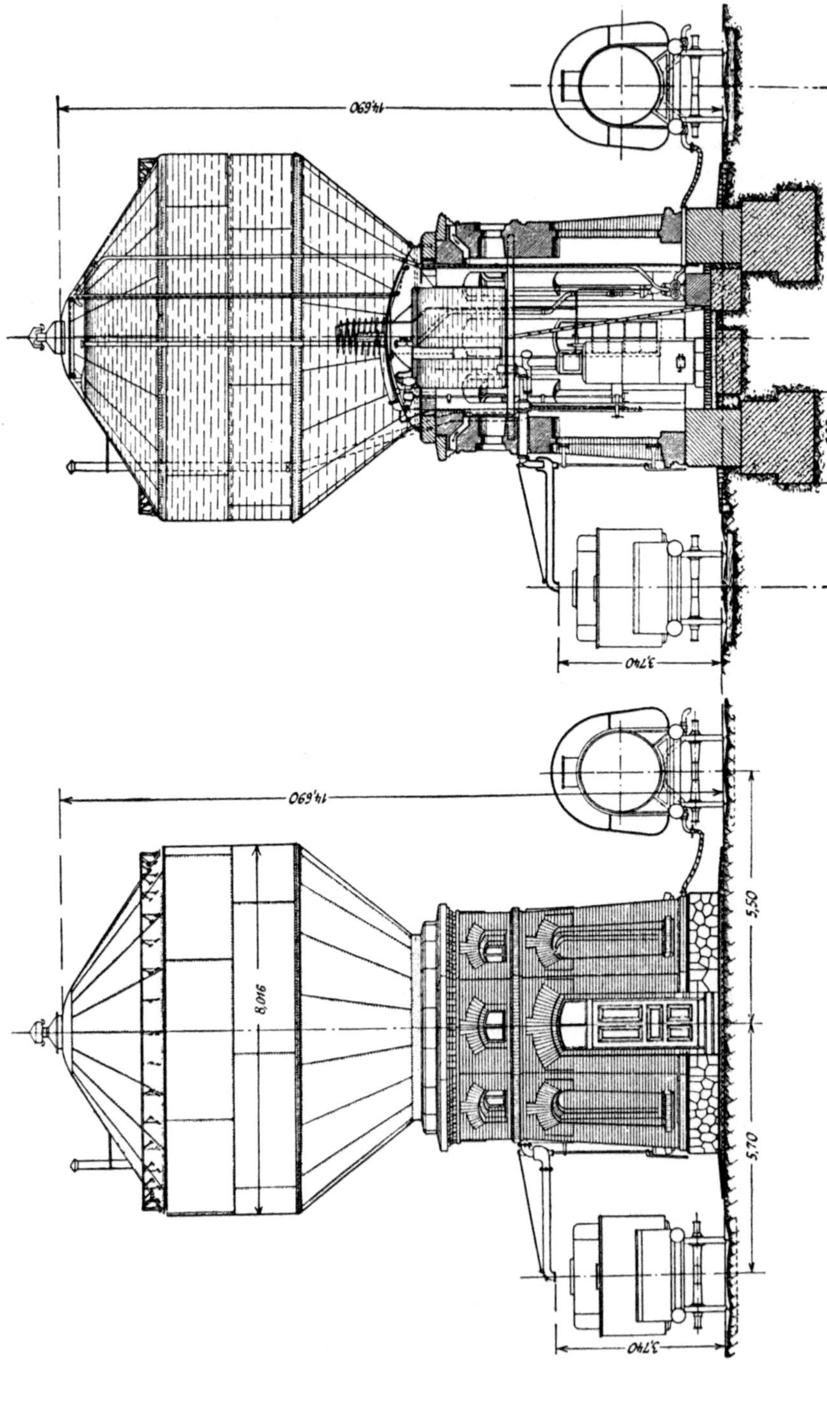

Fig. 32.

Restölbehälter mit Abfüll- und Verausgabungseinrichtungen für 260 cbm.

pumpe in die Schuppenleitung gepumpt und durch einen einfachen Schwenkkran abgefüllt zu werden. Fig. 33 zeigt die primitive Einrichtung des Schwenkkrans beim Füllen des Ölbehälters einer der Versuchs-

Fig. 33.
Heizöl-Schwenkkran im Schuppen beim Füllen der Tender-Ölkästen.

lokomotiven, wozu der obere Auslauf dient; aus Fig. 34 ist zu ersehen, wie der untere Auslauf zum Füllen des seitlichen Ölbehälters des Dampfwagens benutzt werden kann. Im letzteren Falle wird man immer mit den Schwierigkeiten zu rechnen haben, die derartige nur auf einen kleinen Teil des Gesamtbestandes beschränkte Einrichtungen erfahrungsgemäß im Betriebe verursachen. Dazu gehört vor allem die mangelnde Vertrautheit des gesamten Lokomotiv- und Schuppenpersonals mit der Handhabung und Instandhaltung, da nur einem beschränkten Kreis von Personen dauernd Gelegenheit geboten ist, mit den Apparaten vertraut zu werden, und es nicht zu vermeiden ist, daß einmal weniger geübte Ablöser einspringen, ferner die Mehrbelastung des ohnehin schon stark in Anspruch genommenen Aufsichtspersonals mit den Unterweisungen und Aufschreibungen sowie der Regelung der Materialzufuhr. Es sei hier nur an die Anfangsstadien der Heißdampflokomotiven erinnert. Für große Betriebe wie die Staatsbahnen werden daher die Vorteile, die Ölzusatzfeuerung bietet, erst dann richtig hervortreten,

Fig. 34.
Dampfwagen mit Ölfeuerung am Heizölkran.

wenn eine größere Anzahl, möglichst ganze Gruppen, der in einem Dienstplan vereinigten Maschinen ausgerüstet werden. Abgesehen von Bahnen, die keine eigenen Kohlenvorräte besitzen und zur Vermeidung von Schwierigkeiten bei der Beschaffung und Zufuhr der Kohle gleichzeitig einen zweiten Brennstoff benötigen, wird die Zusatzfeuerung zur Notwendigkeit für das Durchfahren enger Tunnels, das bei den neuerdings so außerordentlich gesteigerten Zugbelastungen mit modernen schweren Lokomotiven, die das Profil nahezu ausfüllen, infolge der Rauchbelästigung stark erschwert wird; ferner für das Durchfahren langer Strecken. Kleinere Betriebe werden von diesem Mittel zur besseren Ausnutzung ihres Lokomotivparks ohne neue größere Kapitalsanlage sowie zur Ersparung von Vorspann in geeigneten Fällen gern Gebrauch machen.

Feuerkisten für Ölfeuerung.

Für Bahnen, welche reine Ölfeuerung eingeführt haben, entsteht leicht die Frage, ob sich nicht der Bau von Lokomotivkesseln empfiehlt, welche der Eigenart der Ölflamme besser angepaßt sind wie die bisherigen, ursprünglich für Verfeuerung von Kohle gebauten Kessel mit kistenförmiger Feuerbuchse. Unwillkürlich drängt sich der Gedanke an die Well-Flammrohr-Feuerbuchse auf, deren Verwendung nach so vielen anfänglich aussichtsreichen Versuchen und hoffnungsvollen Konstruktionen schließlich zu Fehlschlägen und zum Verzicht auf weitere Ausführungen führte. Der tiefere Grund für die Mißerfolge scheint darin zu liegen, daß der einen flachen ausgebreiteten Rost erfordernden Kohlenfeuerung die rechteckige Feuerkiste besser angepaßt ist. Die runde

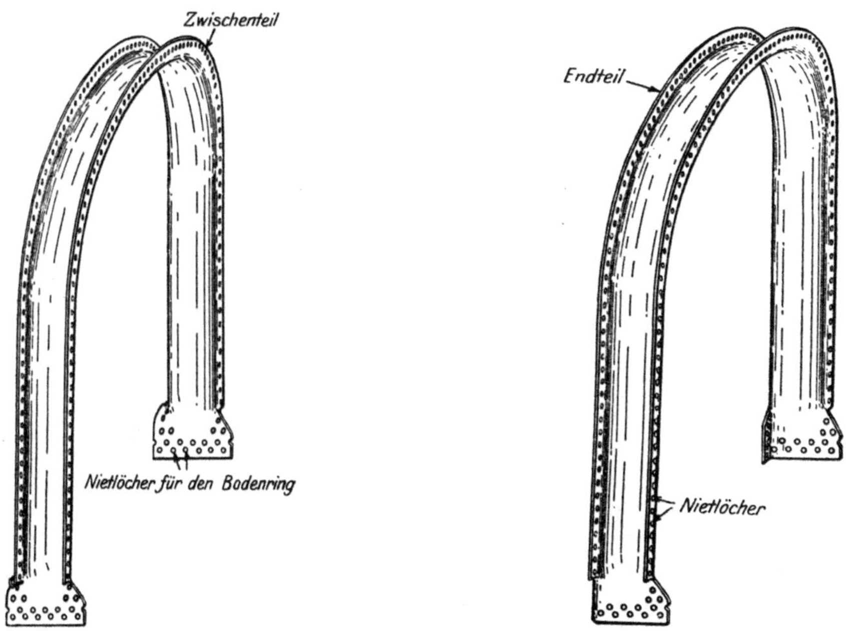

Fig. 35.
Segmente zur Feuerbuchse. Bauart Jacobs-Shupert. (Innere Feuerbuchse).

langgestreckte Wellrohrfeuerbuchse ist aber für die lange kegelförmige Flamme der Ölfeuerung das Gegebene. Entwürfe, z. B. mit 3 Wellflammrohren für je eine Ölflamme, haben bereits vorgelegen, und obgleich eine amerikanische Ausführung dieser Art weitere Nachfolge nicht gefunden hat, werden sicherlich von Neuausführungen mit gut durchkonstruierten Wellrohrfeuerbuchsen für reine Ölfeuerung bezüglich besserer Ausnutzung und größerer Haltbarkeit des Kessels Erfolge zu erwarten sein.

Sehr günstige Erfahrungen sind bereits mit einer Sonderbauart erzielt worden, die, allerdings noch nach der Kistenform, von der Atchison-, Topeka- und Santa Fé-Bahn für ihre Lokomotiven verwendet wird. Da diese interessante Feuerkiste, Bauart Jacobs-Shupert, sich

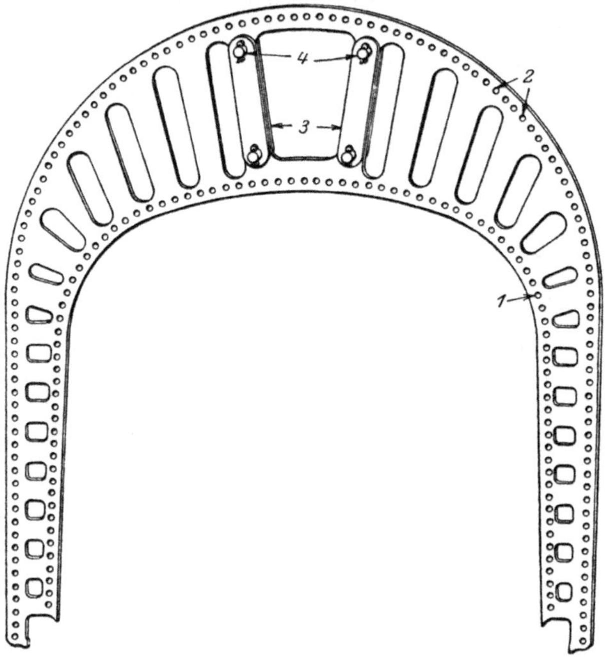

Fig. 36.
Stehblech zwischen den Segmenten der Feuerbuchse Bauart Jacobs-Shupert.
1 Nietlöcher für die Innensegmente. 2 Nietlöcher für die Aussensegmente.
3 Herausnehmbare Laschen. 4 Befestigungsbolzen dazu.

wegen ihrer Vorzüge wohl auch anderwärts Eingang verschaffen wird, so sollen hier einige Angaben und Figuren, die ich der Freundlichkeit des Mechanical Engineer's der Bahn, M. H. Haig, verdanke, wiedergegeben werden. Die A. T. u. S. F.-Bahn, die ein ausgedehntes Netz besitzt, verfeuert fast ausschließlich Petroleum und hat bei der Größe ihrer Lokomotiven, in denen bedeutende Brennerleistungen erzielt werden, gewiß viel mit vorzeitigem Abbrand der Stehbolzen- und Deckenankerköpfe zu tun gehabt. Die Feuerkiste von Jacobs-Shupert vermeidet daher hervorstehende Stehbolzenköpfe in den Seitenwänden und der Decke vollständig, und ist aus gebogenen Blechstreifen von U-förmigem Querschnitt (s. Fig. 35) mit dazwischengenieteten Stehblechen (Fig. 36) zusammengesetzt, deren Stege die Stelle der Stehbolzen vertreten. Das Zusammennieten geschieht maschinell, Fig. 37 zeigt die fertige innere Feuerbuchse mit Rohr-und Frontwand. Zur Bildung der äußeren Feuerbuchse werden dann wiederum U-förmige Bogen eingenietet, so daß die in Fig. 38 dargestellte fertige Feuerbuchse mit äußeren Querrippen entsteht. Die feuerberührte Heizfläche der Feuerkiste bietet,

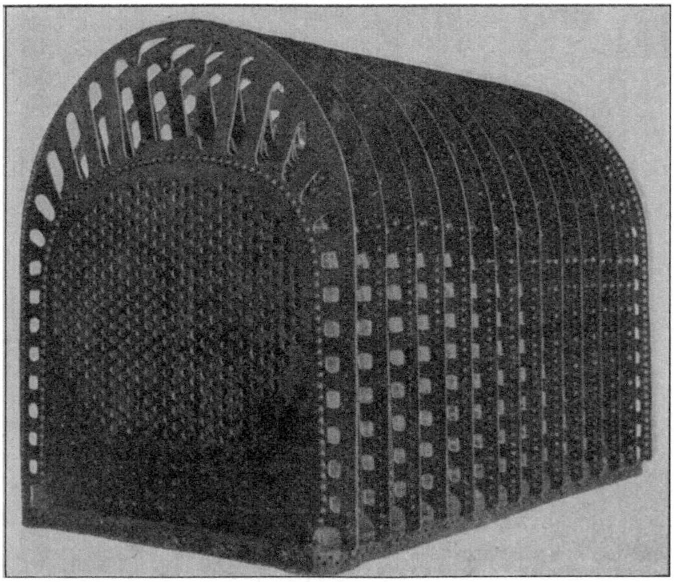

Fig. 37.
Innere Feuerbuchse mit Stehblechen. Bauart Jacobs-Shupert.

wie die Innenansicht der Fig. 39 deutlich zeigt, mit Ausnahme der Front- und der Rohrwand, eine leicht gewellte; jedoch im übrigen glatte Fläche ohne alle Hervorragungen, die an der wasserberührten Seite hervortretenden Rippen gewähren eine vorzügliche Wärmeübertragung auf das Kesselwasser. Es ist daher zu verstehen, daß nach den vorerwähnten Mitteilungen die Dampferzeugung gegenüber der gewöhnlichen Bauart um 35 % erhöht und eine Verminderung des Brennstoffverbrauchs um 4 % erreicht worden ist. Die bezüglich des Wasserumlaufs und der Dauerhaftigkeit anfangs geäußerten Bedenken wurden durch die jetzt mehrjährige Bewährung der Bauart im Betriebe widerlegt, so daß jetzt die A. T. u. S. F.-Bahn ihre sämtlichen neuen Lokomotiven mit dieser Feuerbuchsbauart herstellen läßt.

Fig. 38.
5/7 gek. Lokomotive mit Feuerbuchse für Ölfeuerung. Bauart Jacobs-Shupert.

Riesenlokomotiven für Ölfeuerung.

Mit den von Jahr zu Jahr in überraschender Steigerung wachsenden Anforderungen an die Leistungsfähigkeit schwerer Lokomotiven treten bereits jetzt Fälle auf, in denen die Bedienung des Rostes und die Verfeuerung der erforderlichen Kohlenmengen durch menschliche Arbeitskraft unmöglich und nur die bisher einzig betriebssichere unter den mechanischen Feuerungen, die reine Ölfeuerung, anwendbar ist. Bahnen in Ölgewinnungsländern erzielen mit den dadurch ermöglichten riesenhaften Konstruktionen einen bedeutenden Vorsprung gegenüber ihren

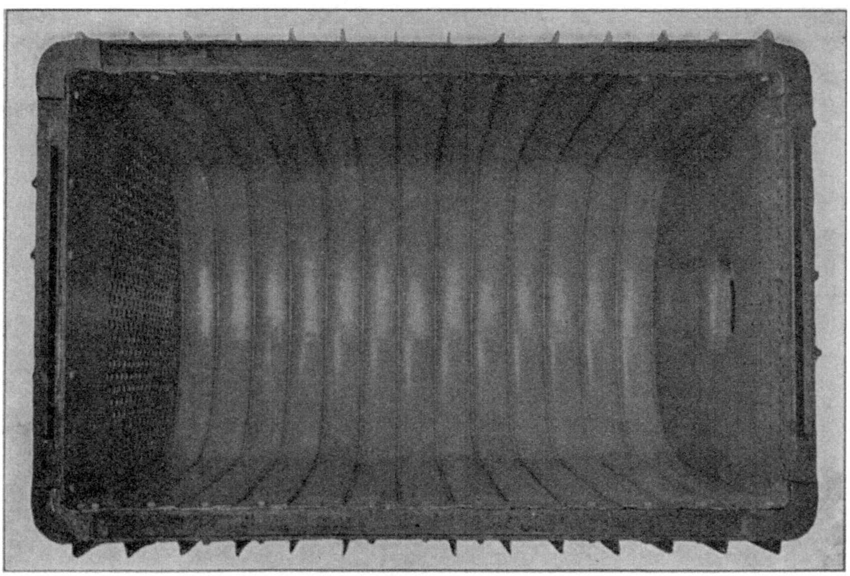

Fig. 39.
Innenansicht der Feuerbuchse Bauart Jacobs-Shupert.

kohlefeuernden Wettbewerbern. Die teilweise etwas abfälligen Kritiken, mit denen ein Teil unserer Fachpresse die neuen „Riesenlokomotiven" der Atchison-, Topeka, und Santa Fé-Bahnen als ein Erzeugnis amerikanischer Übertreibungssucht bezeichnete, deren praktischer Wert bei dem Fehlen geeigneter Drehscheiben usw. zu bezweifeln sei, beruhen wohl auf einer Verkennung der durch Ölfeuerung eröffneten Anwendungsgebiete. Einige Daten aus den Angaben über eine der größten unter diesen Maschinen, die in Fig. 40 dargestellte 10-achsige Güterzuglokomotive mit 6-achsigem Tender, 1-D-D-1, welche ich den Baldwin-Werken, von denen die Lokomotiven geliefert worden sind, verdanke, werden von

Fig. 40.
10-achsige Güterzuglokomotive mit Ölfeuerung. Atchison-, Topeka- und Santa Fé-Bahnen.

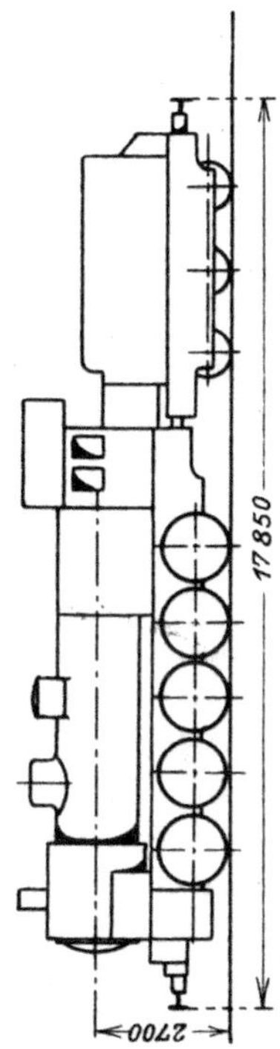

Fig. 41 b.
5achsige Güterzuglokomotive der preußischen Staatsbahnen.

Interesse sein. Die auffällige Länge des Kessels entsteht dadurch, daß vor dem eigentlichen Langkessel von 2134 mm Durchmesser und 466 m² Heizfläche außer dem Speisewasservorwärmer von 150 m² noch ein Überhitzer von 50,54 m² sowie ein Zwischenüberhitzer von rd. 112 m² angeordnet ist. Die Rohre des Langkessels haben eine Länge von 6,3 m, die Feuerbuchse ist nach der im vorhergehenden beschriebenen Bauart Jacobs-Shupert gebaut. Der 6-achsige Tender faßt rd. 45,3 cbm Wasser und 15,1 cbm Heizöl, der Gesamtradstand der Maschine einschließlich Tender beträgt rd. 30 m. Die Lokomotive wiegt mit Tender ungefähr 318 t, bei 187 t Reibungsgewicht. Es ist klar, daß bei derartigen Kesselabmessungen nur eine so intensive Flamme, wie sie die Ölfeuerung liefert, zur vollen Wirkung kommen kann, dabei wird die ganze Feuerung von einem einzigen Flachschlitzbrenner geleistet, der nach der vierten Anordnungsform von der Rohrwand nach der Feuertürwand hin feuert. Nach den Mitteilungen der Bahn ist man mit den Ergebnissen dieser Lokomotiven außerordentlich zufrieden. Noch überholt wird diese Lokomotive in ihren Größenabmessungen von der in Fig. 41 dargestellten Güterzuglokomotive, deren Vergleich mit der im etwa gleichen Maßstabe gezeichneten Umrißskizze der größten preußischen Güterzuglokomotive zeigt, welche Bauleistungen durch Anwendung der Ölfeuerung ermöglicht werden. Diese Maschine, deren Kessel zur Erzielung der nötigen Kurvenbeweglichkeit aus zwei an der Rauchkammer zusammenstoßenden Teilen besteht, weist sogar eine Gesamtheizfläche von 790 m², ein Gewicht (ohne Tender) von 225 t und eine Gesamtlänge von 36,9 m auf, Abmessungen und Gewichte, wie sie zurzeit wohl nur im Lande der „unbegrenzten Möglichkeiten“ ausführbar und anwendbar sein dürften.

Für unsere Verhältnisse werden allerdings derartige Größenabmessungen für Dampflokomotiven kaum je in Frage kommen. Solche Leistungen werden dem elektrischen Betriebe vorbehalten bleiben. Aber auch dann werden Aufwendungen, die etwa bei teilweiser Einführung von Ölfeuerung für Lokomotiven und Triebwagen oder für Kesselfeuer und Werkstättenöfen aller Art, für die Aufspeicherungsanlagen und die Ölverausgabung gemacht werden, sich lohnen. Sicherlich wird man die Dieselmotoren, die jetzt bei dem bereits gut bewährten Betriebe mit Steinkohlenteeröl an Wirtschaftlichkeit alle Antriebe übertreffen, binnen kurzem auch für derartig hohe Leistungseinheiten bauen können, daß sie den Betrieb großer Bahnstromkraftwerke übernehmen, und dann werden die Erfahrungen, die man aus der Ölverfeuerung für die Verwendung und Behandlung dieses bedeutsamen Kraftmittels inländischer Herkunft hat gewinnen können, nicht vergebens sein.

GPSR Compliance

The European Union's (EU) General Product Safety Regulation (GPSR) is a set of rules that requires consumer products to be safe and our obligations to ensure this.

If you have any concerns about our products, you can contact us on ProductSafety@springernature.com

In case Publisher is established outside the EU, the EU authorized representative is:

Springer Nature Customer Service Center GmbH
Europaplatz 3
69115 Heidelberg, Germany

Batch number: 10683525

Printed by Printforce, the Netherlands